新説 恐竜学

古生物学者
早稲田大学国際学術院教授
平山 廉

KANZEN

岩手県久慈市で ティラノサウルス類の 化石を発見!!

２０１８年６月、久慈琥珀博物館（岩手県久慈市）の琥珀採掘体験場を訪れていた高校生、門口裕基さんにより白亜紀後期の地層（約９０００万年前）から、肉食恐竜「ティラノサウルス類」の歯の化石が発見されました。この化石は、ティラノサウルス類の進化の空白に相当する地質時代の資料として注目されます。この発見に象徴されるように、日本国内での恐竜研究はまだ始まったばかりです。本書では、ティラノサウルス類など恐竜たちの知られざる実像について最新の科学的成果に基づいて迫っていきたいと思います。目から鱗が落ちるような発見があるに違いありません。

©2019 小田 隆　提供:久慈琥珀博物館

ティラノサウルス類とは？

ティラノサウルス類は、ジュラ紀中ごろから白亜紀の終わりにかけて北半球に生息していた獣脚類のグループで、これまでに30種類以上が知られています。「前上顎骨歯（上顎の前方にある歯）」の断面が、アルファベットのD字型をしていること、また左右の「鼻骨」が癒合していることが共通の特徴です。初期のティラノサウルス類は体長数メートルと小型でしたが、白亜紀後半になるとしだいに大型化していきました。久慈市で見つかったティラノサウルス類は、こうした進化史の空白を埋めてくれる可能性が期待されています。

ティラノサウルスの進化の謎に迫る新発見

発見されたティラノサウルス類の左前上顎骨歯

側面観

舌側面観

側面観

1cm

近心面観

発見された化石とその特徴

今回発見された化石は、「ティラノサウルス類」の「上顎左前方」の歯と鑑定されています。歯の高さは9ミリですが、両端が破損しています。ティラノサウルス類の「前上顎骨歯」に特有のD字型の横断面の形状が確認できます。歯の大きさから、恐竜の体長は3メートル前後と推測されますが、これが成長途上の幼体なのか成体なのかは不明です。

ティラノサウルス類について

ティラノサウルス類はジュラ紀から白亜紀後期にかけて生息しており、現在までに疑わしいものもふくめて34属が報告されています。今回の化石が発見された「玉川層」の年代は約9000万年前ですが、この時代に生息していたティラノサウルス類の報告はほとんどなく、進化史の空白を埋めることが期待されます。

グアンロン

ティラノサウルス類が生息していた時代

白亜紀後期（約1億年前～6600万年前）	バガラアタン?、ドリプトサウルス、アレクトロサウルス?、アパラチオサウルス、アリオラムス、ゴルゴサウルス、アルバートサウルス、ダスプレトサウルス、テラトフォネウス、ビスタヒエヴェルソル、リトロナクス、ティラノサウルス、タルボサウルス、ズケンティラヌス、ナヌークサウルス、ナノティラヌス?、ラボカニア、キアンゾウサウルス、ディナモテロル(19属)
白亜紀後期（約1億年前～8000万年前）	ティムルレンギア、モロス、サスキティラヌス(3属)
白亜紀前期（約1億4500万年前～1億年前）	シノティラヌス、ディロング、エオティラヌス、シオングアンロン、ユウティラヌス(5属)
ジュラ紀（約1億6500万年前～1億4500万年前）	プロケラトサウルス、キレスクス、グアンロン、ジュラティラント、ストケソサウルス、タニコラグレウス、アヴィアティラニス(7属)

※「?」についてはティラノサウルス類であるかどうか、疑わしいもの

化石が発見された場所はどのようなところ？

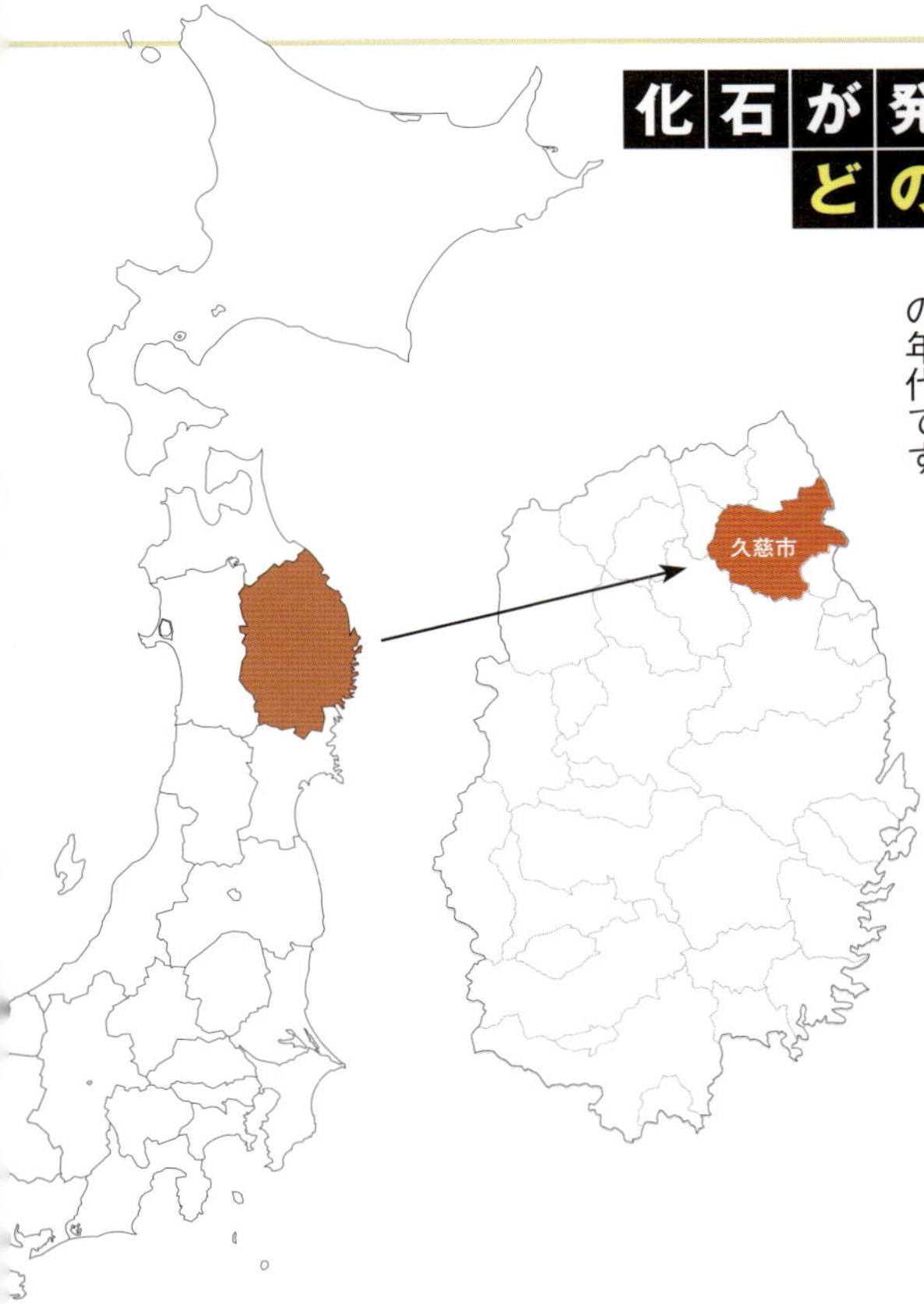

「久慈層群玉川層」という地層の特徴とは

今回の化石が発見されたのは、岩手県久慈市の「久慈層群玉川層」という地層です。すぐ近くに久慈琥珀博物館があり、化石は博物館が運営する琥珀採掘体験場から発見されました。久慈層群には古いほうから「玉川層」、「国丹層」、「沢山層」という３つの地層がありますが、玉川層は約９０００万年前、白亜紀後期初めの年代です。

久慈層群の特徴

・堆積物（たいせきぶつ）があまり固まっておらず軟弱である。
・地層の傾斜が緩やか（10度前後）で、堆積後の地殻変動が小さかった。
・玉川層と沢山層から植物化石が多く出る。玉川層には大きな琥珀も多い。
・玉川層の下部にある火山灰層の放射年代を測定した結果、約9000万年前と決定された。
・玉川層から産出する脊椎動物化石は堆積前に破損している場合が多い。
・玉川層から産出する脊椎動物化石には、陸生の四足動物とサメ類などの海生の両方が確認できる。
・国丹層は海成層で、アンモナイトやモササウルス類などの化石を産出する。

久慈層群・発掘現場

久慈市の琥珀採掘体験場の遠景。久慈琥珀博物館のスタッフの指導のもとで、白亜紀の琥珀を実際に採掘することができる日本で唯一の場所である。

久慈層群玉川層の脊椎動物をたくさんふくむ化石層(ボーンベッド)。カメやワニ、恐竜など陸生の四足動物の化石がこれまでに1800点以上見つかっている。

「琥珀採掘体験」とは?

【久慈琥珀総合サイト】http://www.kuji.co.jp

久慈琥珀博物館が主催するイベントです。博物館のそばにある琥珀採掘場で白亜紀の地層(玉川層)をアイスピックや移植ベラを使って琥珀採掘作業を体験できます。これまでに重さ3.8キロの琥珀が見つかったことがあり、恐竜などの動物化石も稀ではありません。参加するには予約が必要なことがあるので、体験希望の場合には事前に確認をしてください。

久慈層群の調査概要や発見されたものとは？

久慈層群におけるこれまでの調査概要

氏名	解説
1985年	久慈市と野田村の久慈層群国丹層よりモササウルス類の遊離歯が報告される
2004年	琥珀採掘体験場においてカメ類の甲板やワニ類の遊離歯を採集
2008年8月	化石カメ類「Adocus」のほぼ完全な甲羅を採集
2008年9月	鳥盤類の坐骨を発見
2010年4月	久慈市の久慈層群玉川層から見つかった陸生脊椎動物化石が予察的に報告される
2010年7月	翼竜化石を発見
2012年3月20日～27日	脊椎動物化石密集層（ボーンベッド）第一次集中調査：竜脚類の遊離歯を発見
2012年8月4日～12日	ボーンベッド第二次集中調査
2013年3月27日～4月3日	ボーンベッド第三次集中調査
2013年8月6日～14日	ボーンベッド第四次集中調査
2014年3月25日～4月1日	ボーンベッド第五次集中調査：海成層のボーンベッドを確認
2014年8月6日～15日	ボーンベッド第六次集中調査
2015年3月25日～4月1日	ボーンベッド第七次集中調査
2015年6月	玉川層の火山灰層の放射年代を測定（90.51±0.54 Ma）
2015年6月27日	玉川層から見つかったコリストデラ類についてポスター発表（日本古生物学会年会）
2015年8月4日～13日	ボーンベッド第八次集中調査：脊椎動物化石の総点数が千点を越える
2016年3月25日～4月1日	ボーンベッド第九次集中調査：獣脚類の遊離歯を発見
2016年7月23日～8月3日	平山郁夫シルクロード美術館にて玉川層を利用した化石発掘体験を実施
2016年8月5日～12日	ボーンベッド第十次集中調査：見つかった脊椎動物の分類群が20に達する
2017年3月24日～4月1日	ボーンベッド第十一次集中調査
2017年8月9日～8月16日	ボーンベッド第十二次集中調査
2017年10月7日	化石研究会例会の公開シンポジウム「久慈で見つかった恐竜時代の生きものたち」が開催される
2018年3月24日～31日	ボーンベッド第十三次集中調査
2018年8月10日～17日	ボーンベッド第十四次集中調査
2019年3月24日～4月1日	ボーンベッド第十五次集中調査

発掘調査でわかってきたこと

琥珀が大量に出ていることから、豊かな森が広がり（琥珀は樹液の化石）、カメ類やワニ類の生活拠点となる熱帯の大きな河川があったことが推測されます。恐竜だけでなく、さまざまな脊椎動物や植物の化石が見つかる地層は、当時の環境を知るうえで貴重な場所です。

久慈層群でこれまでに発掘された脊椎動物化石

2004年から2019年6月までの発掘調査によって、久慈層群玉川層からは多種多様な脊椎動物群の化石が発見されています。

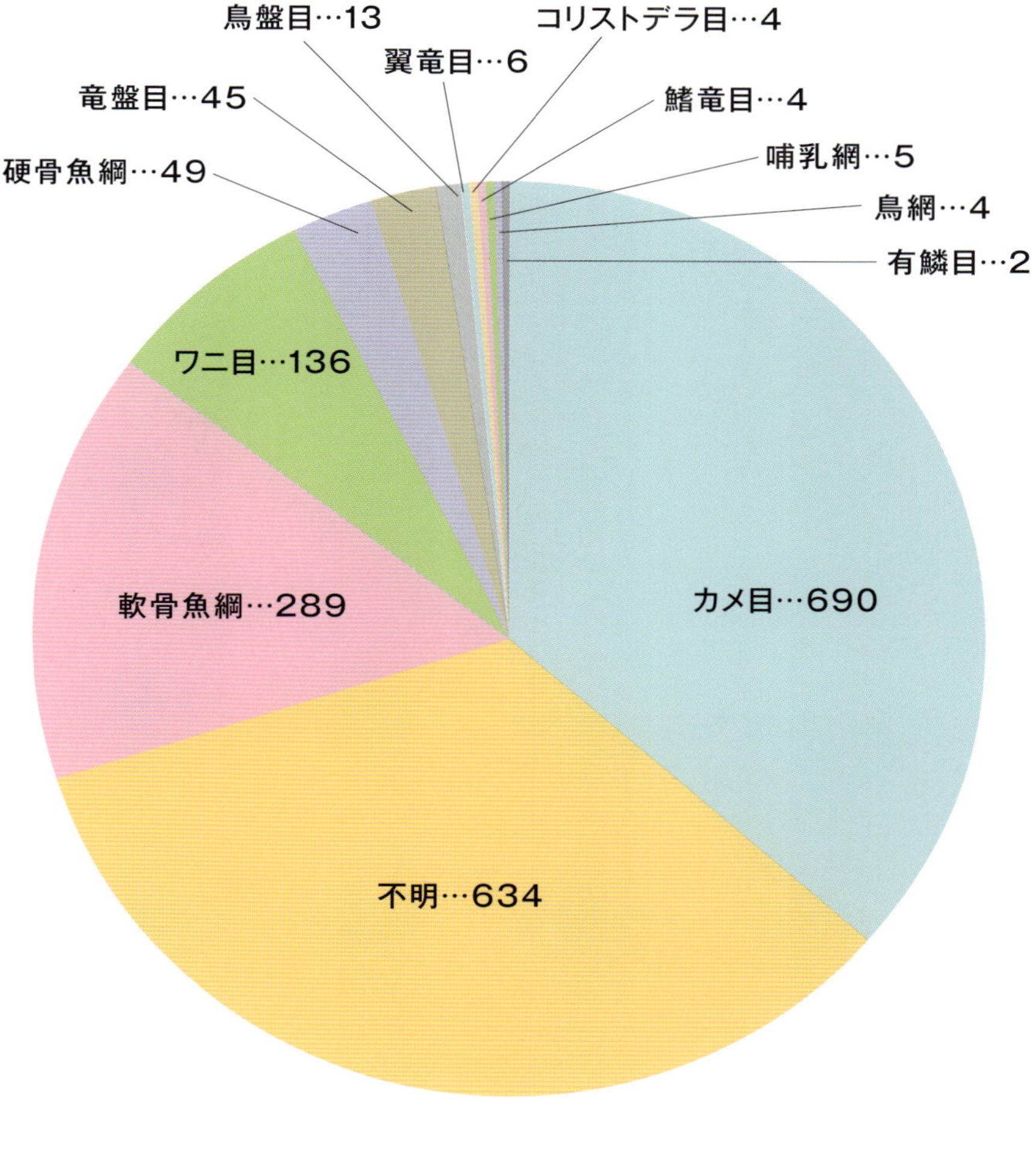

久慈層群で発掘された化石ギャラリー

「久慈層群」では今回発見された「ティラノサウルス類」の化石以外にも、「竜脚類」や「鳥盤類」などの恐竜、「カメ類」や「ワニ類」などさまざまな古生物の化石が発見されています。そのうちの一部の写真を、ここに紹介します。

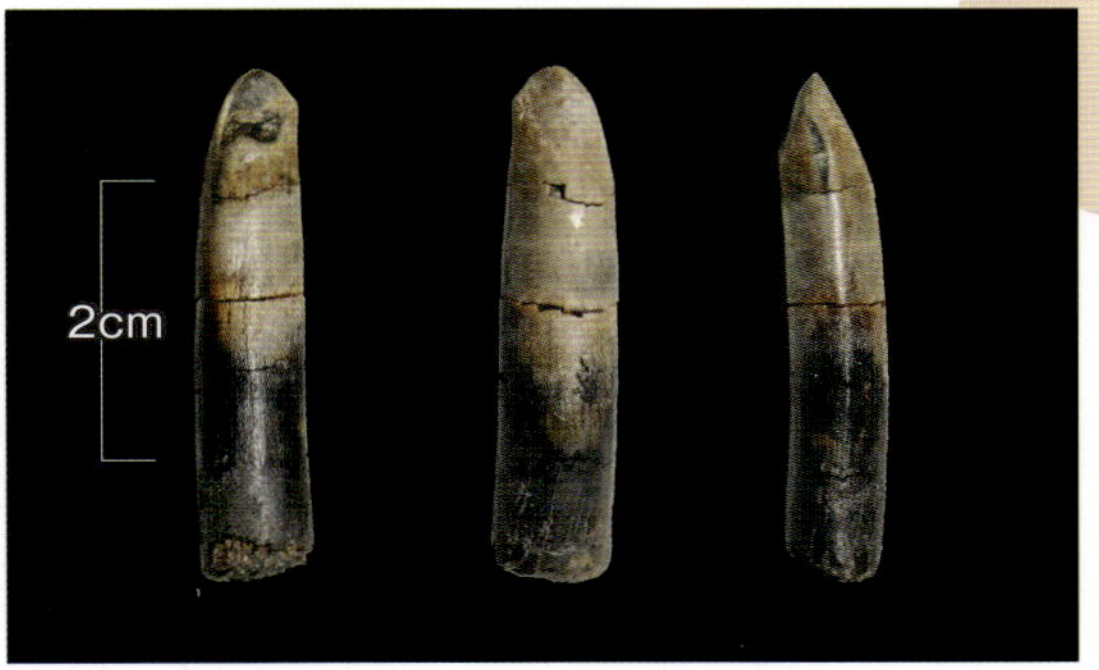

体長20m級の竜脚類の歯化石

2012年３月の調査では、「竜脚類」の歯の化石が発見されました。歯の高さ39ミリ、直径８ミリで、円柱形で先端がすり減っています。白亜紀に生息していた「ティタノサウルス類」のものと考えられ、歯の大きさから体長は20メートルほどであったと推定されています。

草食恐竜の座骨化石

2008年９月には、両端が欠損した「鳥盤類」の「左坐骨」とみられる化石が発掘されています。化石に確認できるいくつかの特徴から、「ケラトプス科」を除く「周飾頭類」か原始的な「鳥脚類」の坐骨である可能性が高いとみられていますが、確定には至っていません。

カメ類のアドクス

2008年８月に発掘されたカメの化石は、「アドクス」という絶滅したカメのほぼ完全な甲羅でした。甲長45センチと大型であり、熱帯の環境下で暮らしていたと考えられます。アドクスのこれほど完全な甲羅の発見は世界的にも珍しいことです。系統的には、現在のスッポンに近いカメでした。まもなく新種として発表されることになっています。

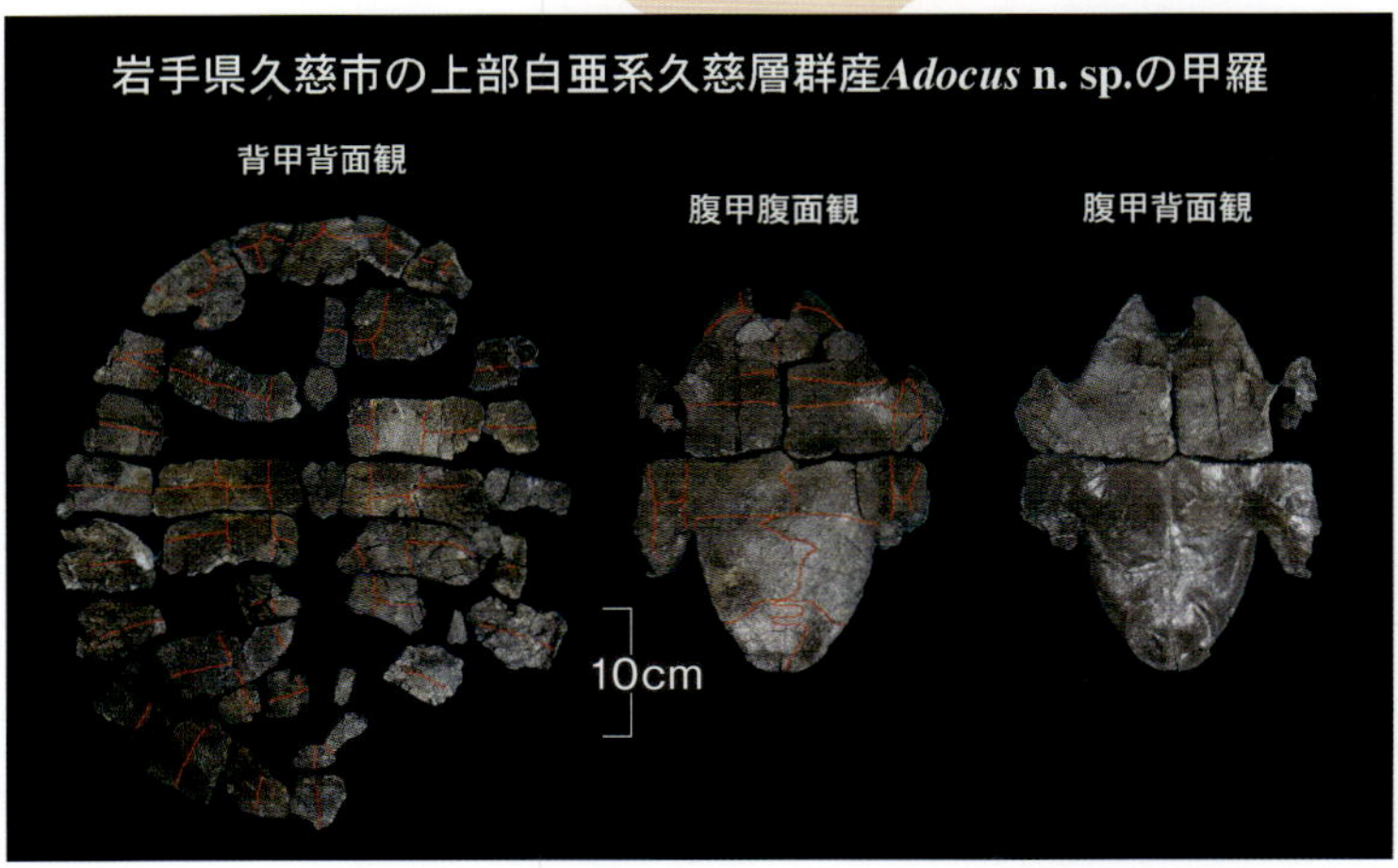

現代の恐竜のスタンダードな姿とは?

現代の恐竜図鑑に描かれている恐竜たちの想像図は、かつて出版されていた恐竜図鑑に掲載されていたものとは大きく変わっています。最新のティラノサウルスの骨格図を例に違いを見ていきましょう。

POINT 姿勢

昔の恐竜図鑑では、ティラノサウルスは背骨をほぼ垂直方向にのばして、尻尾を地面にたらして立ち上がっていました。今では背骨は地面に対して平行で、頭と尻尾でバランスをとったT字型の姿勢で描かれています。

POINT 羽毛

以前は体全体が鱗で覆われていましたが、現在は多くの恐竜に羽毛があったことが判明しています。羽毛には保温のほかに仲間や異性へのアピール効果があったと考えられており、色彩も派手であった可能性があります。

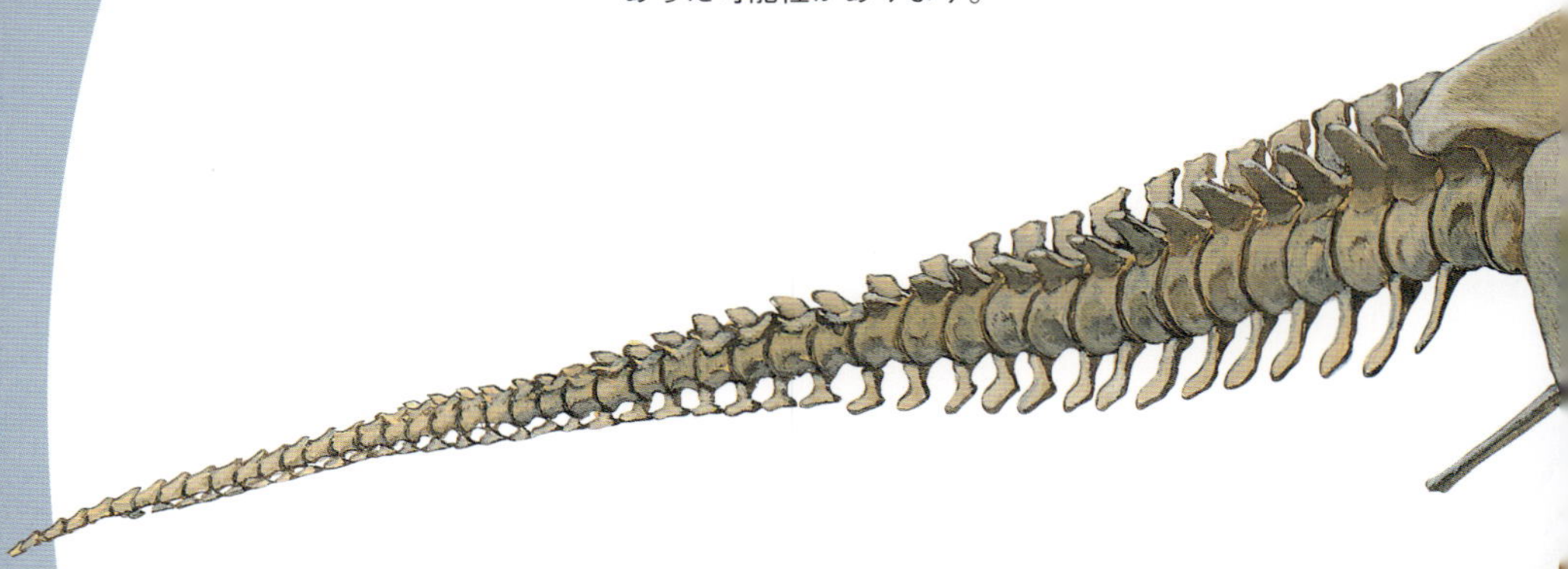

ティラノサウルス

白亜紀後期の北アメリカに生息した大型の「獣脚類」。最も有名な恐竜ですが、近年の研究によって姿勢が大きく変わっています。また、運動能力や生活スタイルについても以前のイメージとは異なる研究結果が提唱されています。

早稲田大学にて行われた**会見発表レポート**

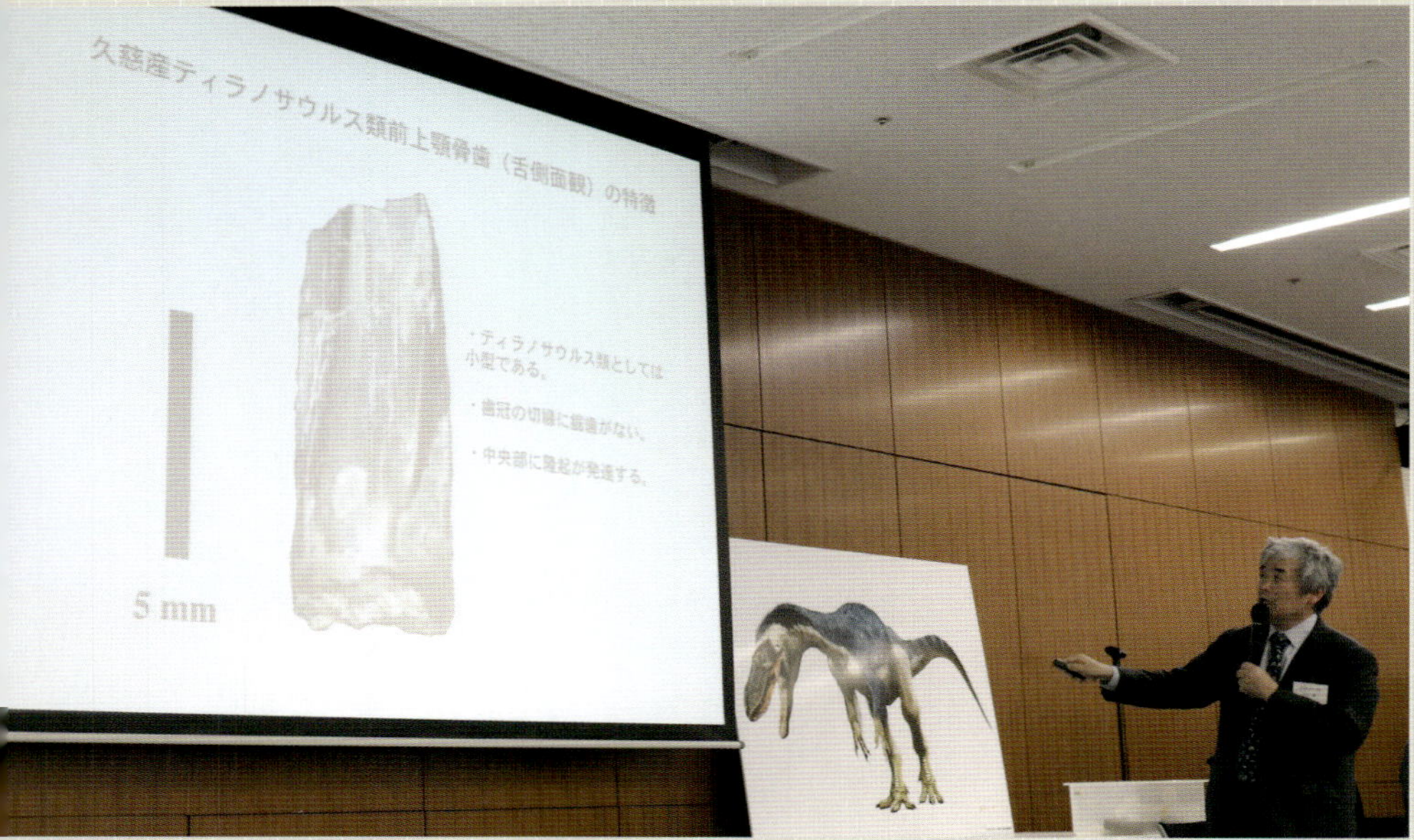

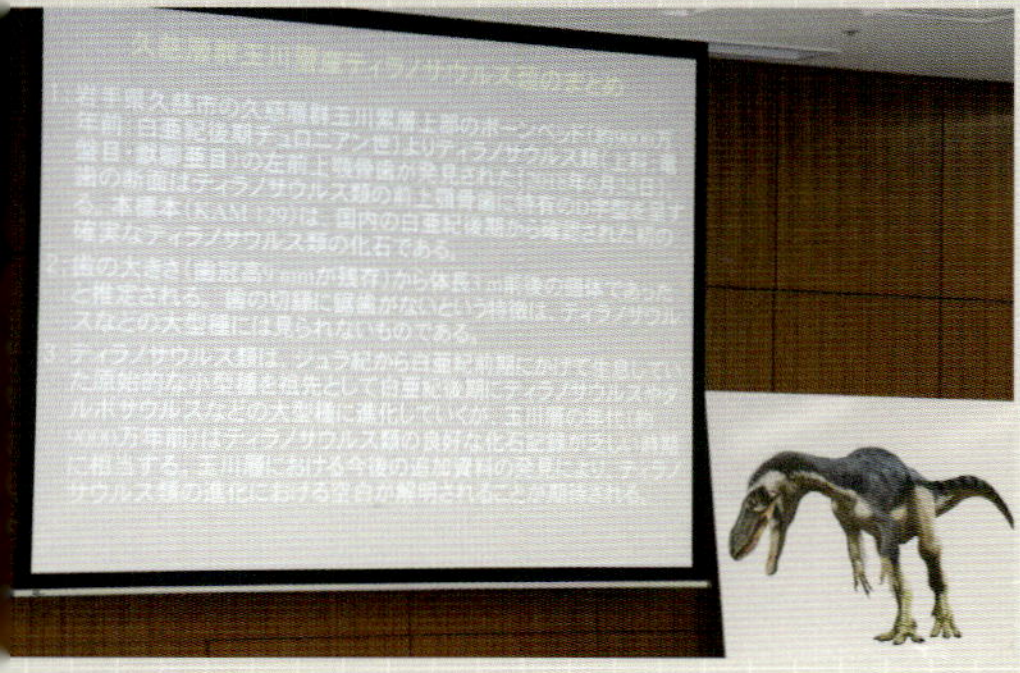

久慈市で発見されたティラノサウルス類の歯の化石にについて解説を行う平山廉教授。

歯化石発見の記者会見の様子

２０１９年４月19日、岩手県久慈市で発見された「ティラノサウルス類」の「歯化石」に関する記者発表が、早稲田大学で行われました。化石発見の経緯や調査結果の詳細は、久慈市での発掘調査に長年関わっている平山廉教授らによって行われました。会見には化石発見者である門口さんも同席し、今回の発見への思いを語ってくれました。

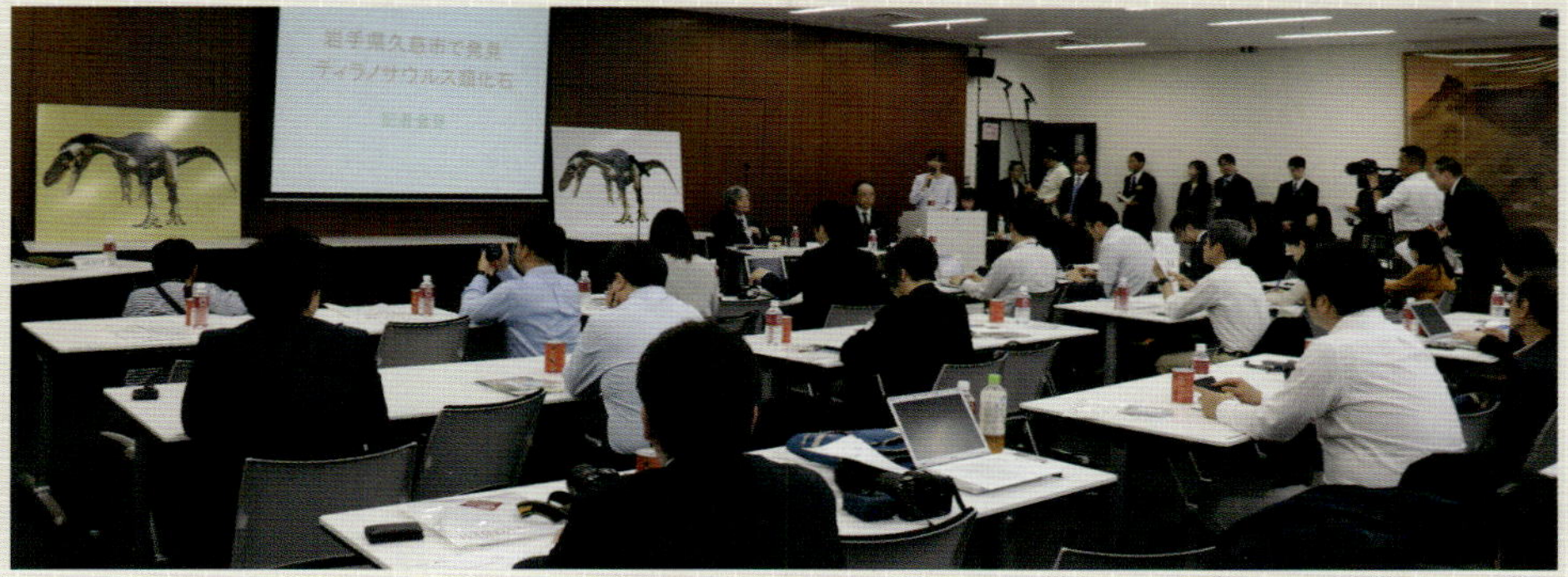

平山廉教授が 歯化石の調査を

平山廉教授は、２００５年から岩手県久慈市で中生代白亜紀の地層（玉川層）の古生物学調査を行っており、今回発見されたティラノサウルス類の歯化石など多数の脊椎動物化石の研究に携わっています。会見で平山廉教授は、モンゴルなど白亜紀後期の地層は年代の特定に至っていない場合が多く、また国内では地層が硬くて発掘が難しい場合が多いと前置きしたうえで、久慈市の地層は火山灰の年代測定によって地質時代が正確に決定できていること、また地層が柔らかいので発掘作業も容易であると語っています。２０１９年8月に新たな集中調査の予定もあり、今後の調査による進展が期待されます。

平山 廉

ひらやま・れん。1956年11月3日生まれ。東京都出身。日本の古生物学者であり早稲田大学国際学術院教授、理学博士。専門は化石爬虫類で、カメ類の系統進化や機能形態学、古生物地理学をメインに活動している。日本における恐竜研究でも知られ、講演や発掘調査など全国で幅広く活動している。主な著書は『最新恐竜学』（平凡社）、『カメのきた道』（日本放送出版協会）、『誰かに話したくなる恐竜の話』（宝島社）など。

第三章 人気者たちの意外な姿

第四章 恐竜研究の歴史

第一章

恐竜の定義

恐竜とはどんな生き物なのか

恐竜というものの定義

「恐竜とはどんな生き物なのか？」

こう問われたとき、みなさんはどんな答えを思い浮かべるでしょうか。

一般的には「太古の地球に生息していた巨大な爬虫類の仲間」というイメージになるでしょうか。

このイメージはおおむね正しいのですが、正確ではありません。

それでは、恐竜の定義とはどんなものなのでしょうか。

学術的な観点から述べると、**「トリケラトプス（あるいはステゴサウルス）と現生鳥類を含むグループの最も近い祖先から分岐したすべて」**と定義されることもありますが、かえってわかりにくいかもしれません。

そこで本項では、この定義の意味を読み解いていきましょう。

まず、定義の代表に挙げられているトリケラトプスは「鳥盤類」というグループに属する恐竜です。トリケラトプスが採用されているのは、単に鳥盤類のなかで最も名前が知られているからであって、同じ鳥盤類であるステゴサウルスやイグアノドンでも意味は同じになります。

では「現生鳥類」が定義に含まれているのはなぜなのでしょうか。

じつは近年の研究により、鳥類は「竜盤類」

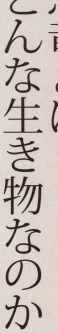

というグループに属する恐竜が進化して誕生したグループである、ということがわかっています。これについては36ページで改めて解説しますが、定義上では鳥類は竜盤類の一部であると考えてください。

以上のことから、**「恐竜とは鳥盤類か竜盤類のいずれかのグループに属する生き物である」**ということになります。

骨盤の違い

鳥盤類と竜盤類というのは、「骨盤（腰の骨）」の形によって分けられたグループです。恐竜は爬虫類の一種ですが、トカゲやカメ、ワニなどとは違った体の特徴をもっています。**特に骨盤の形や足の付き方については、大きな違いがあります**。これは恐竜が陸上での生活に適応するために進化した結果です。

骨盤は「背骨」と「大腿骨（太腿〈ふともも〉の骨）」をつなげる役目をもつ骨です。そして、恐竜など爬虫類の骨盤は「腸骨」と「恥骨」、「坐骨」という3つの骨が組み合わさってできています。鳥盤類の骨盤は恥骨が後ろ向き、竜盤類の骨盤は恥骨が前向きになっている（一部に例外の恐竜も存在します）のが特徴です。骨盤の中央部には「寛骨臼（かんこつきゅう）」というくぼみがあり、ここに大腿骨がはまる構造になっています（24ページ）。

恐竜以外の爬虫類は、この寛骨臼が浅いくぼみになっているため、骨盤と大腿骨の結びつきはゆるやかになっています。対して恐竜は寛骨臼が深く、反対側まで貫通する穴になっています。このため、大腿骨が骨盤にしっかりはまりこみ、体重をしっかり支えることのできる構造になっているのです。

足の付き方の違い

恐竜以外のほとんどの爬虫類は体の横方向に向かって足がのびていますが、恐竜はまっすぐ体の下に向けて足がのびています。これも後ろ足でしっかりと体重を支えるためには、重要な要素です。この骨盤の形と足の付き方によって、恐竜たちは陸上で素早く二足歩行する能力を得たのです（24ページ）。

恐竜の定義を説明する際に登場したトリケラトプスをはじめ、恐竜たちのなかには四足歩行するものも多くいます。しかし、恐竜という種が誕生したばかりのころ、**原始的な恐竜たちはすべて後ろ足だけで立って歩く動物でした**。四足歩行するようになったのは、その後の進化によって得た特徴というわけです。

四足歩行する恐竜の足跡の化石を調査した結果、いずれの種類でも体重の大部分は後ろ足で支えていたことがわかっています。つまり四足歩行といっても、恐竜の前足の役目はあくまで補助的なもので、実際にはほとんど二足歩行していたようなものだったわけです。

卵の殻の違い

恐竜が陸上で生活するために獲得した、もう1つの特徴として卵の「硬い殻」が挙げられます。

一般的には卵といえばニワトリの卵を思い浮かべ、「卵に硬い殻があるのは当たり前じゃないか」と思う人が多いかもしれません。ですが、魚類や両生類の卵は薄い膜で覆われているだけですし、爬虫類でもトカゲやヘビの卵は丈夫な膜で覆われてはいるものの、硬い殻をもっていないのです。

すべての卵は、内部にある「胚（はい：新しい命のもとになるもの）」を成長させるために、「栄養分」と「空気」を必要とします。栄養分はもともと卵の中にあるもの（ニワトリの卵なら黄身）を使いますが、空気は外部から取り入れなければなりません。

魚類や両生類の卵は周囲にある水から空気を吸収し、爬虫類や鳥類（さらに哺乳類）の卵は「羊膜」という特殊な膜を通して卵の内部の水（白身）に空気を取り込んでから胚に送っています。つまり、胚の成長には「水分」が不可欠であり、卵は「乾燥に弱い」のです。

魚類や両生類は基本的に水中で産卵するため、

卵を覆う膜（「卵膜」とよびます）は薄くても問題ありません。爬虫類は、魚類や両生類よりも丈夫な「羊膜」で保護された卵（有羊膜卵）を発達させて、陸上で産卵できるようになりました。

ですが、砂漠のような極端に乾燥した地域では、羊膜のような柔らかい膜だけでは卵が干からびてしまいます。

初期の恐竜が誕生した時代、地上はとても乾燥した気候だったと考えられています。恐竜たちは厳しい乾燥気候の中でも子孫を残せるように、**有羊膜卵を頑丈なカルシウムの殻で覆って卵の水分を決して逃がさないように進化させた**のです（カメやワニも、恐竜と同じように硬い殻をもつ卵を産みます）。

羽毛の発達

20世紀の終わりになると、中国などから羽毛で覆われた恐竜、いわゆる「羽毛恐竜」の化石が報告されるようになりました。

羽毛恐竜は、初めは肉食恐竜（獣脚類）の一部にすぎないと考えられていましたが、その後の発見により、すべての肉食恐竜だけでなく、小型の鳥盤類にも同様の特徴が認められるようになっています。

つまり、**恐竜は少なくとも体の一部が羽毛で覆われた動物であった可能性が高くなっている**のです。これも、ほかの爬虫類とは異なる恐竜独自の特徴というわけです。

トリケラトプス

イグアノドン

恐竜と爬虫類の足の付き方の違い

爬虫類 足が体の横にのびる。力を抜くと地面に体がついてしまう。

恐竜 足が体の下にのびる。両足でしっかり体重を支えることができる。

恐竜の骨盤

恐竜の骨盤は「腸骨」と「恥骨」、「坐骨」の３つの骨でできている。寛骨臼は大腿骨がはまる穴。

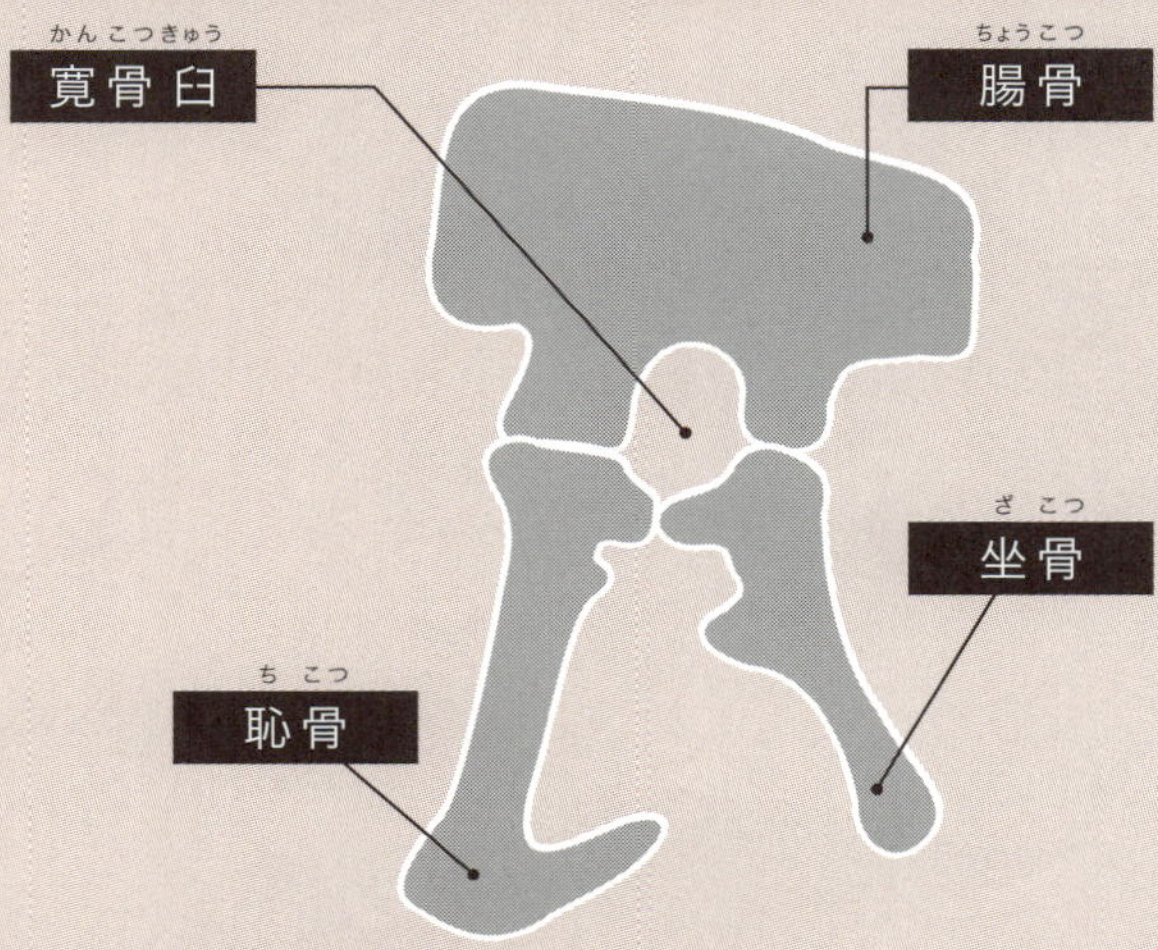

恐竜は骨盤の形によって「竜盤類」と「鳥盤類」の２種類に分けられる。恥骨が体の前を向いているのが竜盤類、後ろ向きなのが鳥盤類。上の図は竜盤類の骨盤。骨盤の形は、ほかの爬虫類と恐竜を区別するポイントである。

恐竜に似た生き物たち

海や空にいた爬虫類たち

前項で説明したように、恐竜は陸上での生活に適応するように進化していった生物です。

では、海や空には、恐竜はいなかったのでしょうか？

結論から述べてしまうと、**海や空をおもな生活の場としていたと考えられる恐竜は発見されていません**。

水辺で生活したり、限定的な飛行能力（滑空）をもっていたと思われる恐竜は見つかっていますが、そうした恐竜たちも生活の基盤は陸上にあったものと考えられています。

この説明に対して、「恐竜がいた時代の海にはプレシオサウルスやモササウルスがいたし、空にはプテラノドンなんかがいたじゃないか」と、違和感を覚える人がいるかもしれません。特に恐竜に興味をもっている人は、そう思うでしょう。

しかし、プレシオサウルスは「首長竜」、モササウルスは「モササウルス類（海トカゲ類ともよばれる）」という、海中で生活する爬虫類の仲間です。

プテラノドンは、「翼竜」という空を飛ぶことができた爬虫類の仲間です。**これらの生物は恐竜ではないのです**。

一体どこが恐竜と違うのか。それぞれの違いを説明しましょう。

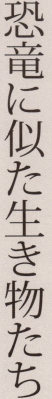

海にいた爬虫類と恐竜の違い

首長竜（あるいは鰭竜類〈きりゅうるい〉ともよばれる）は、細く長い首と（首が短い種もいる）ボートのオールのような四肢をもつ、水中で生活する大型の爬虫類です。

1968年、福島県いわき市でフタバスズキリュウ（学名はフタバサウルス）という首長竜の化石が発見されました。当時、日本ではまだ恐竜の化石が発見された例がなく、テレビ番組や新聞では「恐竜の化石を発見！」というニュースが盛んに報じられました。

1980年に公開された映画『ドラえもん のび太の恐竜』を観たことがある人も多いかもしれません。じつは、この映画の主人公、のび太が育てていたピー助も、フタバスズキリュウなのです。

つまり、今から40〜50年ほど前は、「首長竜も恐竜の一種である」という認識が一般的であったのです。

ですが、**首長竜と恐竜がどのように進化していったのか、その道筋をたどっていくと、この2種が分類上はまったく違う生物であることが判明します**。

29ページの図は、恐竜を含む爬虫類や哺乳類などがどのように進化し、枝分かれしていったのかを示したものです。

首長竜は恐竜と共通の祖先をもちますが、特に近縁ではありません。首長竜は恐竜よりもむしろトカゲやヘビに近く、恐竜はカメやワニに近い生物なのです。

モササウルス類も水中での生活に適応した大型の爬虫類で、ワニのように細長い体と大きなアゴ、ヒレのような四肢をもつのが特徴です。分類上はトカゲやヘビの仲間であり、やはり恐竜の近縁ではありません。トカゲ類の中でも、オオトカゲ類に極めて近縁だったと考えられています。

また、恐竜がいた時代の海には、魚竜という爬虫類も生息していました。魚竜はイルカに似た姿をしており、首長竜やモササウルス類よりもさらに海中生活に適した体をしていました。

魚竜が登場したのは恐竜が現れるより少し前の時代と考えられており、恐竜だけでなく首長竜やモササウルス類とも違う道筋を通って進化した生物です。

とはいえ、分類上の違いは、専門家でもなければわかりにくい分野です。もう少しわかりやすい違いはないのでしょうか？

ここでポイントになるのが、恐竜の特徴の1つである「足の付き方」です。

前項で説明したように、恐竜は体の真下に向かってまっすぐ足がのびている生物です。しかし、首長竜やモササウルス類、魚竜などの爬虫類は、すべて足が体の横向きにのびています。そのうえ、彼らの四肢はヒレのような形になっていて、歩行にはまったく適していません。

陸上で生活するために進化した恐竜と、水中で生活するために進化した首長竜たちでは、体のつくりがまったく違っているのです。


また、**繁殖方法にも大きな違いがあります**。

魚竜や首長竜は、体の中に卵ではなく、胎児をもっていたメスの化石が見つかっています。このことから、現在のクジラやイルカのように「胎生」（海中で子どもを出産すること）だったことがわかります。モササウルス類もおそらく胎生だったと考えられていますので、卵を産んで繁殖していた恐竜とは違うということがわかりますね。

また、皮膚に羽毛が生えていたのも恐竜だけの特徴でした。

空にいた爬虫類と恐竜の違い

それでは、翼竜と恐竜の違いについてはどうでしょうか。

翼竜は前足が翼のような形になっており、空を飛ぶことができた爬虫類です。空を飛ぶためには体重が軽いほうが都合がいいので、胴体がとても小さいのが特徴です。

翼竜と恐竜は、それぞれの種が誕生する直前の祖先が共通であると考えられており、分類上は極めて近い関係にあります。首長竜やモササウルス類はもちろん、ワニやカメよりも恐竜に近縁の生物なのです。

　しかし、翼竜の体の特徴を調べてみると、恐竜の定義である「体の下に向けてまっすぐ足がのびている」という条件には当てはまっていません。**翼竜の後ろ足は体の横に向かってのびています**。

　そもそも翼竜の後ろ足は細すぎて、後ろ足だけで立って歩くことはできず、地上にいるときは前足も使って四足歩行していたことが、足跡の化石からわかっています。

　ミクロラプトルというカラスほどの大きさの恐竜は、翼のように発達した四肢をもち、翼竜のように空を飛べたと考えられています。ですが、ミクロラプトルの後ろ足は体の下に向かってのびており、後ろ足だけで立って歩ける構造になっていました。

　このように、**同じように空を飛ぶことができた生物でも、体のつくりには決定的な違いがあった**のです。

翼竜と恐竜の共通点

　ここまで、翼竜と恐竜の違いについて述べてきましたが、じつは似ている点もあります。それは卵です。

　トカゲのような柔らかい膜に覆われた卵は化石として残りませんが、恐竜と翼竜の卵は化石が発見されています。これは、どちらの卵も硬い殻に覆われていたためです。

　恐竜と翼竜が硬い殻をもつようになった理由は、恐竜が登場した時代（三畳紀）の乾燥した環境下でも、子孫を残すためであったと考えられます。

爬虫類の系統図

魚竜、首長竜、モササウルス類は恐竜と同じ時代に生きていた生物だが、分類上は遠く離れた存在。翼竜は直前の祖先が恐竜と共通なので、分類上はかなり近い。鳥類は恐竜の直系の子孫である。

恐竜が生きていた時代

恐竜が栄えた中生代

恐竜が生きていたのは中生代とよばれる「地質時代」の区分の1つです。地質時代では、進化や絶滅など、生物界に見られる大きな変化を基準にして時代を細かく区切っています。それぞれの時代の地質年代は今なお改定が続いていますが、２０１８年に定められた基準によると、中生代は約2億５２１７万年前から約６６００万年前までの時代になります。

中生代はさらに三畳紀、ジュラ紀、白亜紀の3つの時代に細分化されています。**恐竜は三畳紀の後半にあたる約2億３０００万年前に地球上に出現して、白亜紀の終わりである約６６００万年前に絶滅しました**。誕生から絶滅までの期間は、じつに1億６４００万年間。中生代全体の88パーセントにも及びます。中生代はまさに、恐竜たちの時代だったのです。

恐竜が登場した時代 ―三畳紀―

三畳紀は、約2億５２１７万年前から約2億１３０万年前の期間です。三畳紀について解説するには、直前の時代にあたるペルム紀についても触れる必要があります。ペルム紀の地球には、北極から南極まで広がる超巨大大陸パンゲアが存在していました。ペルム紀は初期を除いて高温の気候が続き、シダ類やイチョウ類などの植物、巨大な両生類や昆虫、多様な哺

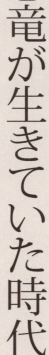

乳類型爬虫類（哺乳類の祖先）などが大繁栄していました。ところが、ペルム紀の終わりに発生した大規模な環境変化（火山活動が原因といわれています）によって、こうした生物の約90パーセントが絶滅してしまいます。

三畳紀に入ると、大量絶滅時代を生き延びた生物たちが地上へ進出していきました。恐竜の祖先にあたる爬虫類も地上の乾燥した環境に耐えられるように進化を遂げ、三畳紀の後半には恐竜の直前の爬虫類である、ラゴスクスが現れます。ラゴスクスは恐竜のように後ろ足で立って二足歩行する体の構造をしていましたが、骨盤の形は恐竜ほど特殊化していませんでした。

そして**三畳紀の中頃（約2億3千万年前）、ついに恐竜が登場します**。最古の恐竜のひとつとされているエオラプトルです。エオラプトルは体長1メートルほどで、昆虫や小型の爬虫類などを食べる肉食恐竜とされていましたが、最近の研究では雑食で、後の超大型恐竜（竜脚類）の祖先だったと考えられるようになりました。同じ時代にヘレラサウルスなどの原始的な恐竜たちも現れましたが、いずれも二足歩行で同じような形をしていました。また、空には翼竜が登場し、最古のカメが登場するのもこの時期です。そして三畳紀の末期には、全長9メートルを超える巨大恐竜たちも現れました。

こうして生まれた恐竜たちは、クルロタルシ類（ワニの祖先）や哺乳類型爬虫類などと生存競争を繰り広げていました。この状況が一変したのが、三畳紀の終わりです。火山活動が原因とみられる大規模な環境の変化により、ペルム紀末期ほどではないものの、深刻な絶滅期が訪れたのです。**地上では大型の両生類や爬虫類、哺乳類型爬虫類の種が大きく減少しました**。

しかし、恐竜や翼竜たちは、あまり被害を受けませんでした。研究によると、三畳紀末期には激しく乾燥した時期があったことがわかっています。**乾燥に強い、硬い殻の卵をもつ恐竜や翼竜、それにカメやワニの仲間は、その能力を生かして変化に適応した**のでしょう。

大型恐竜が繁栄した時代　－ジュラ紀－

三畳紀の次の時代がジュラ紀です。

ジュラ紀は約２億１３００万年前から約1億４５００万年前の時代です。ジュラ紀にはパンゲア大陸が分裂を始め、北のローラシア大陸と南のゴンドワナ大陸に分かれていきました。気候も変化して、雨期と乾期が交互に訪れるようになりました。大型の両生類や哺乳類型爬虫類という**生存競争のライバルがいなくなった恐竜は数を増やし、多様な進化を遂げます**。三畳紀の恐竜よりも、さらに巨大な、全長30メートルを超えるものが数多く現れました。また、背中に骨の板や鋭いスパイクで武装した、奇妙な外見の恐竜も登場します。そして、こういった恐竜を食物としていた肉食恐竜も、多様な進化を遂げていきました。

最古の鳥類とされる始祖鳥が登場したのも、この時代です。鳥類は肉食恐竜の一部から分かれて進化したのです。

多様性が生まれた時代　－白亜紀－

ジュラ紀の終わりである約1億４５００万年前から約６６００万年前までの時代は、白亜紀とよばれます。白亜紀は初期をのぞいておおむね温暖で、湿度の高い気候が続きました。

ジュラ紀になって始まった大陸の移動・分割はさらに進み、ローラシア大陸は北アメリカとユーラシア大陸に、ゴンドワナ大陸は南アメリカとアフリカ、インド、オーストラリア、南極に分かれていきました。大陸の移動はその後も続き、現在の姿へと近づいていきます。

大陸が分割されたため、恐竜たちは地域ごとに独自の進化を遂げていきました。有名なティラノサウルスやトリケラトプスなどは、この白亜紀に生息していた北米大陸の恐竜です。

しかし、今から６６００万年前、恐竜たちは突然地球上から姿を消してしまいます。恐竜はなぜ絶滅したのでしょうか？　これは現在も議論がつきない研究テーマとなっています。

恐竜がいた中生代《ちゅうせいだい》

中生代は三畳紀、ジュラ紀、白亜紀の3つの時代に分けられる。恐竜の出現は約2億3000万年前の三畳紀。ジュラ紀から白亜紀にかけて大繁栄を迎え、6600万年前の白亜紀末期に絶滅した。じつに1億6400万年もの間、恐竜は地上に君臨していた。

	新生代		
約6600万年前▶	白亜紀《はくあき》	後期	ジュラ紀に栄えた恐竜の多くが姿を消し、新たな種が台頭する。最も恐竜が多様化した時代だが、白亜紀末期に恐竜は絶滅する。
	白亜紀《はくあき》	前期	大陸の分裂がさらに進み、ユーラシア大陸、北アメリカ、南アメリカ、アフリカ、オーストラリア、インド、南極大陸などができる。大陸の分割により、各地域に固有の恐竜が進化する。
約1億4500万年前▶	ジュラ紀《き》	後期	恐竜の大型化が進み、全長30メートルを超える種も登場する。最古の鳥類とされる始祖鳥も現れる。
	ジュラ紀《き》	中期	パンゲア大陸の分裂が進み、ローラシア大陸とゴンドワナ大陸ができる。それぞれの大陸で恐竜が独自の進化を遂げ、多様性が大きくなる。
	ジュラ紀《き》	前期	三畳紀末期の大量絶滅により、恐竜以外のほとんどの大型生物が地上から姿を消す。競争相手のいなくなった恐竜が地上を支配する。パンゲア大陸の分裂が始まる。
約2億130万年前▶	三畳紀《さんじょうき》	後期	恐竜と翼竜の共通の祖先であるラゴスクスが登場。次いで最初の恐竜であるエオラプトルが登場し、三畳紀末には大型の恐竜たちも現れる。
	三畳紀《さんじょうき》	中期	爬虫類の化石は見つかっているが、恐竜はまだ確認されていない。
	三畳紀《さんじょうき》	前期	ペルム紀末期の大量絶滅によって競争相手のいなくなったパンゲア大陸で、恐竜の祖先を含む爬虫類が進化を始める。
約2億5217万年前▶	古生代		

恐竜のグループ分け

竜盤類と鳥盤類

三畳紀に誕生した恐竜は、その後、約1億6400万年もの期間をかけて進化を続け、さまざまな種に枝分かれしていきました。これまでに発見された恐竜は約1000種以上にもなり、現在も毎年平均して50種類もの新種が世界各地から報告されているのです。

恐竜には「竜盤類」と「鳥盤類」という2つのグループがあると述べました（20ページ）。その2つのグループは、さらに細かいグループに分けられます。37ページの表は、恐竜が進化によってどのようなグループに分かれていったのかを示したものです。各グループにはどのような恐竜がいたのか、個別に解説しましょう。

竜盤類に属するグループ

竜盤類には「獣脚類」と「竜脚形類」という2つのグループがあります。

獣脚類は恐竜が出現した三畳紀後期から存在し、恐竜が絶滅する白亜紀末期まで繁栄したグループです。獣脚類はいずれも**後ろ足だけで立ち上がって二足歩行を行い、ほかの恐竜や魚類、昆虫などを主食とする肉食性の恐竜**が多く含まれます。ですが、すべての獣脚類が肉食というわけではなく、なかには進化の過程で食性が変化し、雑食や植物食になったものもいます。代表的な獣脚類は、アロサウルスやカルカロド

ントサウルスなどの大型肉食恐竜ですが、ヴェロキラプトルのように中型犬サイズの小型肉食恐竜、またダチョウ型恐竜（オルニトミムスやガリミムスなど）やオヴィラプトル類のように植物食、もしくは雑食だった種類も数多く存在します。ティラノサウルス類には雑食だったのではないかと思われる種類も含まれていますが、詳しいことは第三章で触れます。また、現代の鳥類も、獣脚類のグループの一員とされています。

竜脚形類には「原竜脚類」と「竜脚類」という2つのグループが含まれています。

原竜脚類（古竜脚類ともよばれる）は獣脚類と同じく恐竜時代の最初期から存在するグループで、ジュラ紀初期まで繁栄していましたが、その後絶滅しました。**大きな胴体と細く長い首、木の葉のような形をした歯が特徴**で、現在はいずれも二足歩行であったと考えられています。代表的な原竜脚類にはプラテオサウルスやルーフェンゴサウルスがいます。

竜脚類はジュラ紀前期から繁栄を始めたグループです。ジュラ紀後期に大繁栄し、白亜紀に入ると北半球の多くの地域では目立たなくなりますが、南半球では変わらず繁栄を続けました。**大きくふくらんだ胴体、長い首と尻尾、目のすぐ近くに位置する鼻孔をもち、全長が20メートルを超えるものが一般的**でした。体が大きく重いため、すべての竜脚類が四足歩行していたと考えられています。アパトサウルスやブラキオサウルスが代表的な竜脚類です。

鳥盤類に属するグループ

鳥盤類には「装盾類」、「周飾頭類」、「鳥脚類」という3つのグループがあります。

装盾類は名前の通り、「盾」のような防御能力を発達させた恐竜たちのグループです。さらに細分化すると、「剣竜類」と「曲竜類」というグループに分かれます。

剣竜類はジュラ紀から白亜紀初期にかけて繁栄し、その後絶滅したグループです。その**背**

中に骨の板やスパイクが並んでいるのが特徴で、尻尾の先にスパイクをもつものもいます。いずれも四足歩行していました。剣竜類の最大種であるステゴサウルスが代表格です。

曲竜類は**骨の板でできた装甲で全身をおおった恐竜**たちのグループで、「鎧竜」とよばれることもあります。登場はジュラ紀後期で、白亜紀後期まで繁栄を続けました。代表的な曲竜類にはアンキロサウルスがあげられます。

周飾頭類は**頭部の後方に「えり飾り」のような構造を発達させた恐竜**たちのグループで、「角竜類」と「堅頭竜類」がこれに含まれます。

角竜類はジュラ紀に登場し、白亜紀後期まで繁栄しました。グループの名前から**角をもつ印象を受けますが、角をもたない種類も多く含まれており、口先がオウムのようなクチバシになっている**ことが全体の共通点になります。プシッタコサウルスなどジュラ紀から白亜紀初期にいた原始的で小型の角竜類は二足歩行でした。白亜紀後期になると角竜類は大型化し、四足歩行となり、さまざまな形の角が発達してきます。頭に3本の角をもつトリケラトプスが角竜類の代表と言えるでしょう。

堅頭竜類は白亜紀後期に繁栄したグループで、**頭骨の上部が分厚く頑丈な構造になっており、多数のコブやスパイクで飾られている種類もいます**。このような特徴から「石頭竜」とよばれることもあります。代表格はパキケファロサウルスですが、頭部以外の骨格の研究があまり進んでいないグループでもあります。

最後に紹介する「鳥脚類」は、ジュラ紀前期に登場して白亜紀後期まで繁栄を続けたグループです。頭に特徴的なトサカをもつ一部の大型種をのぞいて、外見的には特に目立ったところはありませんが、**口の中には「デンタル・バッテリー」とよばれる強力な歯が発達していました**。基本的には二足歩行をしていましたが、必要があれば四足歩行をすることもありました。代表的な鳥脚類としては、イグアノドンやパラサウロロフスがあげられます。

恐竜の分類図

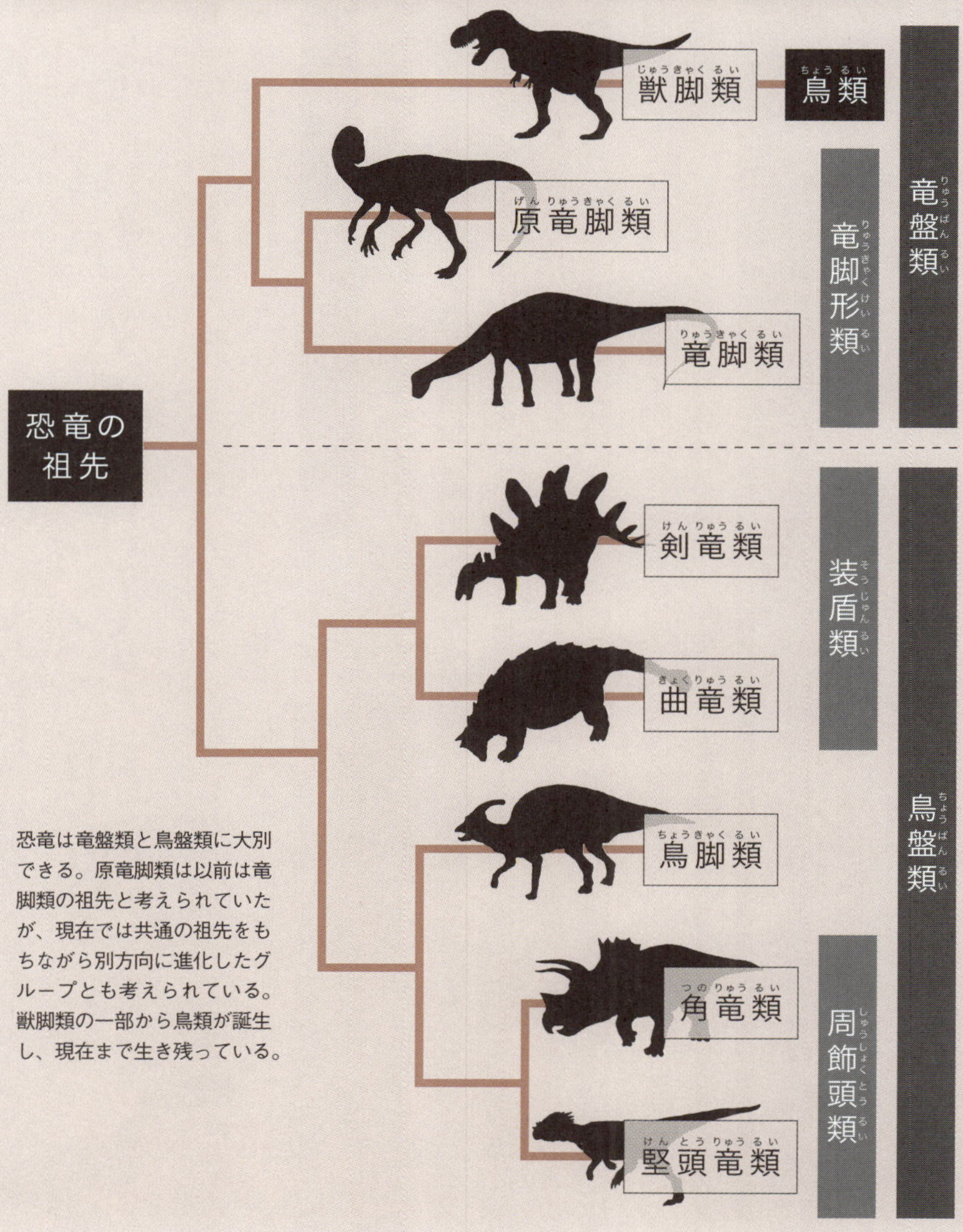

恐竜は竜盤類と鳥盤類に大別できる。原竜脚類は以前は竜脚類の祖先と考えられていたが、現在では共通の祖先をもちながら別方向に進化したグループとも考えられている。獣脚類の一部から鳥類が誕生し、現在まで生き残っている。

恐竜が大型化した理由

史上最大の陸上動物

現代最大の陸上動物であるアフリカゾウは、全長6~7メートルほど。実際に動物園で実物を見てみると、その大きさには圧倒されます。ですが、恐竜たちのなかには、アフリカゾウを上回る、超巨大なものが何種類もいました。

特に巨大だったのは、竜脚類の仲間です。ジュラ紀後期に生息したブラキオサウルスは、全長25メートル。最大級の恐竜といわれるディプロドクスやアルゼンチノサウルスの全長は、なんと30メートルを超えていました。

アルゼンチノサウルスなど、不完全な骨格が知られる一部の竜脚類はさらに大きかったと考えられていますが、正確な大きさは不明です。**全長40メートル、体重50トン前後が竜脚類の大きさの上限だった**と考えられるようです。

ほかの時代と比較してみても、これほどまでに巨大な陸上動物が登場したことはありません。竜脚類の仲間は、史上最大の陸上動物だったのです。いったいなんのために、恐竜たちはこれほど大きくなったのでしょうか？

巨大化が進んだ理由

現代の自然界と同じように、恐竜が生きていた時代にも、ほかの生物を獲物にする肉食恐竜やワニなどの捕食者がいました。竜脚類が巨大化した理由の1つは、こうした**捕食者から身を**

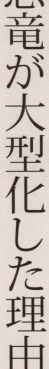

守るためであったと考えられます。体が大きくなれば捕食者に少しくらい攻撃されても耐えられますし、巨体で威圧したり、長大な尻尾を打ちつけることで捕食者を追い払うこともできます。

捕食者は自分より大きな動物に対しては、リスクを恐れて近づくことすら避けるのが普通です。現代でも、健康なおとなのアフリカゾウを好んで襲う捕食者は存在しません。

大きくなることによって、巨体を維持するために大量のエネルギーが必要になるという欠点もありますが、巨大化にはそれを上回るメリットがあったのでしょう。

もう1つ考えられる理由は、効率よく生きていくために巨大化が進んだ、というものです。

竜脚類は体を維持するだけでも多くのエネルギーを必要とするため、移動や争いなどによる無駄なエネルギーの消費は、できるだけおさえたいという性質がありました。

もし首が長くなれば、あちこち動き回らなくても広い範囲の植物を食べることができます。つまり、エネルギーの消費をおさえて、効率よく食事ができるのです。長くなった首を支えるには、大きな体が必要になります。そして首だけが長く重くなると重心が前に片寄ってしまうので、バランスをとるために尻尾も長くなっていきます。

このような連鎖により、竜脚類はどんどん巨大化していった可能性があるのです。

さらに、竜脚類は、繁殖のために巨大化していったという考え方もあります。生物は、より優れた異性を生殖のパートナーに選ぼうとします。選択の基準は、強さや美しさなど、種類によって異なりますが、竜脚類の場合は体が大きいことが異性への強いアピールになった可能性が高いのです。前述の2つの理由とも関係しますが、体が大きいということは敵に襲われにくく、効率よく食事をとる能力につながります。つまり、生きていく力が優れているということになり、異性へのアピール効果は抜群なのです。

こうした理由から、体が大きい個体は子孫を残しやすくなり、体が大きくなる素質に恵まれた子どもが生まれます。

このようにして巨大化が進んでいったのですが、陸上で動くという制約があるため、おのずと上限があったわけです。

巨体と長い首を支えた体の秘密

全長20メートルを超えるような巨大恐竜の体重は、どのくらいだったのでしょうか？

最も重い恐竜といわれていたブラキオサウルスの体重は、かつて約80トンあると推測されていました。しかし、ブラキオサウルスの「四肢骨（前足および後ろ足の骨の総称）」の太さは、**せいぜい30トンほどの重量しか支えることができなかった**という分析がされています。

過去には「ブラキオサウルスをはじめとする超大型の竜脚類は、水中で浮力を得ることによって体重の負担を軽減していた」という仮説もあったのですが、四肢骨や足跡化石の研究から竜脚類はもっぱら地上で暮らしていたことがわかってきました。

その後、研究が進んだことによって、竜脚類の「頸椎（けいつい：首の骨）」や「背骨」は空洞が多くを占める構造になっており、見た目よりずっと軽くできていたことがわかりました。この情報をもとに分析を進めた結果、現在では**最大の竜脚類でも体重は50トン程度であったと考えられるようになりました**。

しかし、推定体重が軽くなったということは、体重を重く想定していた場合とくらべて、筋肉の量が大幅に減ったことを示しています。

実際に竜脚類の首の骨や背骨を調べてみると、筋肉が付いていたと思われる場所が非常に限られており、キリンのように首を大きく動かすことは難しかったようです。というのも、首の骨の多くの場所が厚紙ほどの厚さしかなく、分厚い筋肉を支えることができなかったのです。

それでは巨大な竜脚類は少ない筋肉量で、どうやってあの長い首や尻尾を支えていたのでしょうか?

じつは、竜脚類の首や尻尾は、筋肉の力で支えられていたのではありません。これは、恐竜の体を吊り橋にたとえてみると納得がいきます。

吊り橋は土台となる場所に長く頑丈な柱を立て、柱の上からワイヤーで橋を吊り上げる構造（42ページ）になっています。竜脚類の体もこれと似た構造になっていて、柱の部分は後ろ足と骨盤、橋の部分は背骨や頸椎、尻尾の骨など、ワイヤーは骨盤から背骨や頸椎などにのびている靭帯（じんたい：骨と骨をつなぐ組織）にあたります。

長い首や尻尾を筋肉の力で支えるには膨大な量の筋肉が必要ですが、靭帯で釣り上げた状態を維持するなら筋肉の力は必要ないですし、エネルギーを浪費することもありません。竜脚類はこの**「吊り橋構造」によって、それほど体重を増やすことなく、無理のない巨大化に成功した**のです。

以上をまとめると、竜脚類の首の骨の中は空洞が多く、しかも首を動かす筋肉も非常に少なかったことになります。頭部も小さく軽くできていたので、長大に見える首もじつは大した重さはなかったというわけです。いわば**風船が長く伸びた先に、小さな頭が付いているような構造**でした。

首とは逆に、尾の骨は中身が詰まっていて、筋肉もたっぷり付いていたことがわかっています。したがって、竜脚類の体は腰より前が軽く、後ろが重くなっていました。

竜脚類の足跡を見ると、後ろ足が前足よりはるかに大きく、体重の大部分（おそらく80パーセント以上）を後ろ足で支えていたことが明らかです。

首があれほど長いのに、体の重心が腰にあって、二足歩行の祖先（エオラプトルなど）とさほど変わらない仕組みでした。

それでは、竜脚類のあれほど長い首はなんの役に立ったのでしょうか?　これについては第三章で改めて解説しましょう。

吊り橋の構造

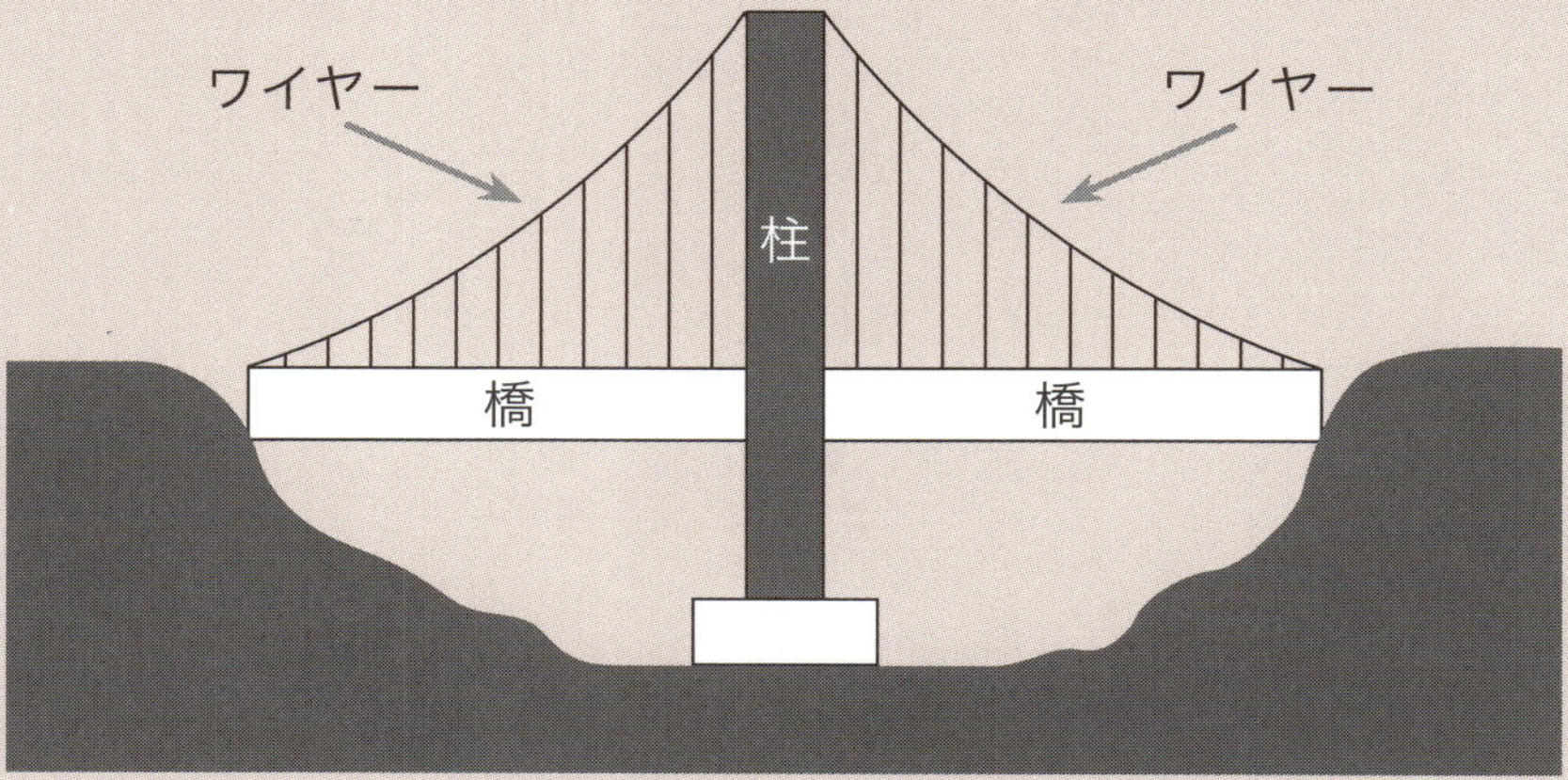

柱からのびたワイヤーで橋を吊る

恐竜の吊り橋構造

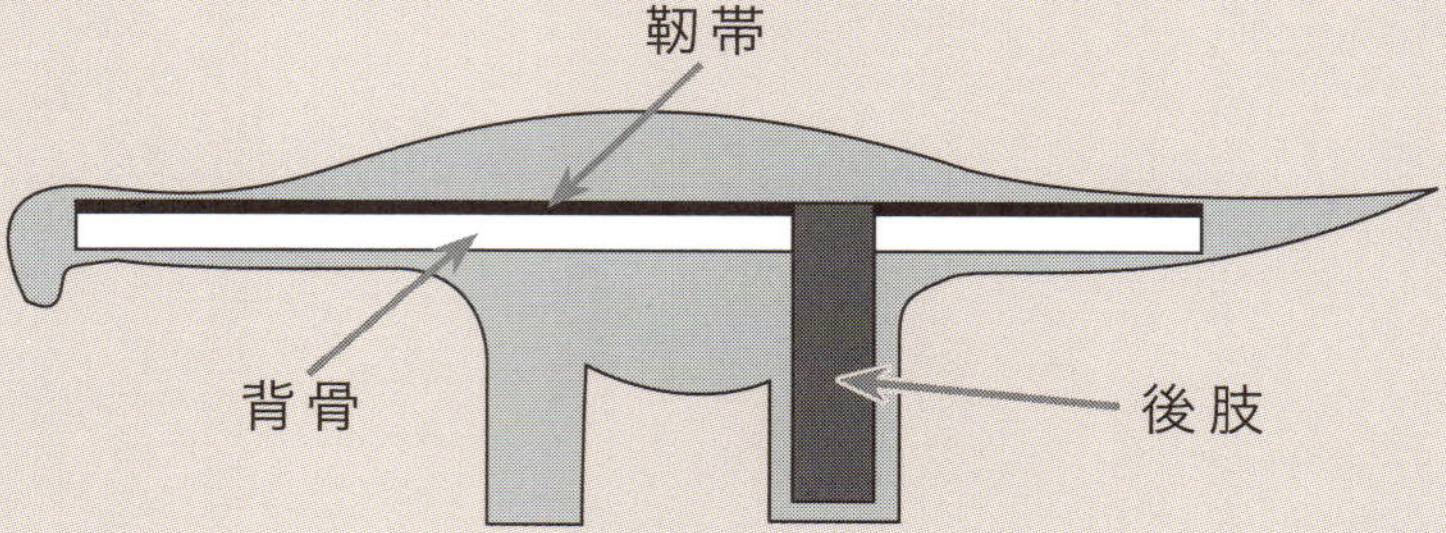

後肢が柱、靭帯がワイヤーの役目を果たし、
背骨や尻尾の骨を吊って支える

小型化した恐竜たち

小さいことのメリット

巨大化していった恐竜たちがいた一方で、小さくなる道を選んだ恐竜たちもいました。

小型化には、いったいどんなメリットがあったのでしょうか？

ひとつには、**生きていくために必要なエネルギーが少なくてすむ**、という点が挙げられます。

体形は同じと仮定して、全長１メートルの恐竜と30メートルの恐竜を比較した場合、両者の大きさは30倍ですが、体重は30の３乗倍、つまり2万７０００倍にもなってしまいます。

前項で述べたとおり、巨大な恐竜は見た目よりも体重が少なかったと考えられていますが、それでも両者が必要とするエネルギー量には、莫大な差があったことでしょう。

また、筋肉が発揮できる力は、断面積の大きさに比例するので、**体形が同じなら小さい方が運動能力が高くなる**のもメリットです。

体長に30倍の差があると、筋力は９００倍になりますが、体重は2万７０００倍になるので、体が大きい方が動くための負担が大きくなるのです。

巨大化した竜脚類の世界でも、小型化の波が訪れた時期がありました。

超大型恐竜の多くはジュラ紀後期に繁栄しましたが、白亜紀に入ると全長10～15メートル程度の小型種が増えていくのです。

これは、白亜紀には地殻変動によって地上に起伏の大きな丘陵地帯が増えたため、大きすぎる体では移動すら困難になってしまうことが要因と考えられています。

また、ジュラ紀後期のヨーロッパ（ドイツ）では、エウロパサウルスというブラキオサウルスの近縁種でありながら、体長がわずか6メートルしかない竜脚類が見つかっています。これは、当時の小さな島に閉じ込められた結果生じた「島嶼化（とうしょか）」と呼ばれる進化の典型だと考えられています。

竜脚類の小型化

地殻変動が起こり、起伏の大きな丘陵地帯が増えた。
丘陵地帯では、大きすぎる体では移動が困難のため、
小さい竜脚類が増えていった。

恐竜の絶滅（隕石衝突説）

生物の大量絶滅とは？

今から６６００万年前の白亜紀の終わりごろ、1億６４００万年ものあいだ繁栄を続けていた恐竜たちは、なんらかの原因で地球上から消滅してしまいました。

絶滅とは、ある種の生物のすべての個体が死に絶え、種が消滅してしまうことです。

この現象が特定の時期に集中して、多数の生物が同時に絶滅してしまうことを「大量絶滅」といいます。

恐竜が絶滅した白亜紀末には、恐竜のほかにも翼竜や首長竜、モササウルス類、アンモナイトなどが絶滅しています。

何回もあった大量絶滅

大量絶滅はまぎれもなく大事件ですが、じつは地球に複雑な動物や植物が誕生してから現代にいたるまでの約6億年間には、白亜紀末期を含めて、**少なくとも合計5回の大量絶滅が起きていた**ことがわかっています。

最初の大量絶滅は、約4億４３７０万年前のオルドビス紀末、2回目は約3億６７００万年前のデボン紀後期、3回目は約2億５１００万年前のペルム紀末、4回目は約1億９９６０万年前の三畳紀末、そして5回目は約６６００万年前の白亜紀末に発生しています。

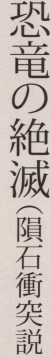

隕石衝突が原因？

過去の大量絶滅はどうして起きてしまったのでしょうか？　これまでの調査・研究によって、大量絶滅が発生した時期には、**地球環境に大きな変化があった痕跡が確認されています**。たとえばオルドビス紀末期には海水準（制止した状態の海面）の変化、デボン紀末期には寒冷化と海水準の変化、ペルム紀末期にもやはり海水準の低下があったようです。こうした情報をもとに、何が原因となって環境変化が起こったのか、そしてその結果が生物にどのような影響を与えたのか。研究者たちは絶滅した生物の情報も加味しながらさまざまな仮説を立て、大量絶滅の原因とそのプロセスを探っていくわけです。

では、白亜紀末の地球では何が起きていたのでしょうか？

白亜紀と次の時代である新生代古第三紀の境を「K－Pg境界」とよびます。このK－Pg境界の時代の地層を調べると粘土層が見つかるのですが、この粘土層には高濃度の「イリジウム」というレアメタルが含まれているのです。イリジウムは地上ではほとんど見つからない希少な元素ですが、地球外からやってくる隕石には多量に含まれていることがあります。

１９８０年、アメリカのルイス・アルヴァレズ博士とウォルター・アルヴァレズ博士は、高濃度のイリジウムの存在は、この地層が形成された時代に隕石が地球に衝突した証拠と考え、**巨大な隕石の衝突が恐竜絶滅のきっかけになった**という説を発表しました。

その後の調査によって、世界中のK－Pg境界の粘土層の厚さの比較から、隕石は北アメリカの近辺に落下した可能性が高いことがつきとめられます。また、北アメリカのK－Pg境界の粘土層からは、隕石衝突の際に発生する高熱で作られる鉱物であるテクタイトや衝撃石英も発見されました。そして１９９１年、メキシコのユカタン半島沖で直径１００キロメートルを超えるクレーターが発見されたことが有力な証拠となり、隕石衝突説は多くの研究者の支持を得るようになりました。

恐竜絶滅までの道のり

隕石の衝突が、どのように恐竜の絶滅につながったのでしょうか？

ユカタン半島沖に衝突した隕石は、直径10キロメートルほどの大きさだったと推測されています。この規模の隕石が衝突したときに発生するエネルギー量は、太平洋戦争末期に広島に落とされた原子爆弾の10億倍以上に匹敵するともいわれています。

隕石の衝突地点には、深さ40キロメートルにも達する巨大なクレーターができました。ここに大量の海水が流れ込み、押し寄せた海水がぶつかりあって津波が発生します。**衝突地点に近い北アメリカの沿岸には、高さ３００メートルの津波が押し寄せた**と推測されています。

これと同時に、衝突によってえぐり取られた地表が粉塵となって大気中に舞い上がります。この粉塵は短くても数か月、長いものでは10年ほども大気中を漂い、**地表に届く太陽光を遮ってしまいます**。太陽光が遮断されると、地表の温度が下がります。さらに光合成を行う植物の生育にも悪影響が出て、気温の低下とあいまって次々に枯れていきます。当時の植物の化石を調査した結果、隕石衝突直後の北アメリカでは植物が凍結していたことが判明しています。**この急激な日照量の低下と寒冷化現象は、「衝突の冬」とよばれています**。さらに、大気中の粉塵の影響で酸性雨も振り、環境破壊に拍車をかけたこともわかっています。

急激な気温の変化は、運動能力の低下や凍死など、動物にも悪影響を与えます。さらに、植物がなくなると、それを食料としていた植物食の動物が飢えて死んでいきます。続いて、植物食の動物を獲物にしていた肉食の動物も飢えて死ぬことになります。

隕石衝突説では、以上のような流れによって恐竜は絶滅したのだと考えられているのです。

隕石衝突説のプロセス

1

直径10kmの隕石が
地球に衝突

2

高さ300mの津波が
発生して地表に押し寄せる

3

隕石衝突で舞い上がった
粉塵が太陽光線を遮る

4

環境の変化についていけず
恐竜が絶滅する

絶滅した生物と生き残った生物

絶滅した生物

恐竜、翼竜、首長竜など

生き残った生物

魚類、トカゲ、カメ、鳥類、哺乳類など

恐竜の絶滅（恐竜の多様性の低下について）

隕石衝突説に関する謎

　少なくとも北米にいた恐竜が6600万年前に絶滅したのはほぼ確実なことです。このとき、**翼竜や海にいた首長竜、モササウルス類、アンモナイトなども絶滅してしまいました**。ところが、不思議なことに、この大量絶滅期をしぶとく生き残った生物たちもいるのです。恐竜と同じ爬虫類の仲間であるカメ類も、その1つです。

　北アメリカの西部には、約7500万年前の白亜紀末期から、次の時代である古第三紀（こだいさんき）初頭までの生物の化石を、連続して確認できる場所があります。この場所で発見された白亜紀に生息していたカメ類の化石は9科ありますが、隕石衝突後の古第三期になっても8科が生き残っているのです。

　この場所は、隕石の衝突現場であるユカタン半島から数千キロメートルしか離れていないので、衝突による環境変化の影響を強く受けているはずです。**変温動物であるカメ類は気温の低下に弱いはずですが、実際には大した被害を受けていなかった**のです。世界規模のデータをみても、現在までに発見されている白亜紀末に生息していた17科のカメのうち、古第三紀までに絶滅してしまったのは2科だけです。

　また昆虫の化石記録を見ると、科のレベルでの絶滅はわずか8％でした。もし陸上の生態系が激変していれば、昆虫の多くが絶滅したはず

ですが、そうはなっていないのです。要するに、**陸上の生態系に限れば、恐竜だけが深刻な被害を受けて絶滅してしまった**のです。

さらに付け加えれば、白亜紀末（６６００万年前）に恐竜が絶滅したことが確実なのは北米だけです。ほかの大陸、たとえばアジアや南米の恐竜がいつ絶滅したのかは、いまだ不明なのです。つまり、**白亜紀末に地球上から恐竜が姿を消したということ自体が、いまだ証明されていない仮説にすぎない**ともいえるのです。

恐竜絶滅は哺乳類によって引き起こされた？

なぜ恐竜は絶滅し、カメ類などほかの陸上生物はほとんど被害を受けなかったのでしょうか？　隕石衝突が恐竜だけを絶滅させ、ほかの陸上生物の多くを生き残らせるような環境変化を都合よく引き起こすでしょうか？　その可能性はとても考えにくいと思われます。恐竜の絶滅には、隕石衝突のほかにもなにか理由があると考えるべきでしょう。

ここでヒントになりそうなのが、白亜紀末期の北米西部に生息していた恐竜の種類の調査結果です。これによると、対象地域には７５００万年前には11科30属の恐竜が確認できたものの、７０００万年前には23属へと数を減らし、６８００万年前には18属、６６００万年前にはわずか7属に減ってしまっていました。まだ発見されていない種が地中に眠っている可能性もありますが、それを差し引いても**確実に種の数は減少に向かっていた可能性があります**。

同じ傾向が、恐竜と同じく白亜紀末期に絶滅したアンモナイトにもみられます。９０００万年前には23科が確認されていますが、８０００万年前には14科、７０００万年前には6科、６６００万年前には4科に減っているのです。

アンモナイトが減少していった原因は、海水温の低下だったといわれています。白亜紀の海水温は1億年前から９０００万年前あたりが最も高温で、それからは少しずつ下がっていきました。６６００万年前には、最も高い時期にくらべて10度も下がっていたといいます。

海水温が下がっていたということは、気温も下がっていたことを示しています。恐竜もアンモナイトと同じように、**気温の低下による影響、たとえば生物生産量の減少などによって少しずつ種を減らしていた可能性が考えられるのです**。

とはいえ、気温の低下が原因なら、カメ類にも多少なりとも影響があるはずです。実際にはカメ類は絶滅しなかったので、恐竜が衰退した大きな理由はほかにもあるのでしょう。ですが、はっきりしているのは、**恐竜は隕石衝突によって突然絶滅したのではなく、隕石衝突の数千万年前からゆっくりと種を減らしつつ、滅びに向かっていた傾向が認められる**という事実です。

私が、恐竜絶滅の大きな原因の1つと考えているのが、当時種類を増やしつつあった新型の哺乳類（有胎盤類や有袋類）との生存競争です。恐竜はその登場から1億6千万年ものあいだ、地上の生態系に君臨していました。したがって多少の環境変動では滅びないだけの適応力をそなえていたはずです。しかし、後述するように哺乳類など新型の生物の増大に直面すると、それまで露呈しなかった弱点が現れて一気に絶滅したのではないでしょうか？　似たような現象が、我々人類の人口増大によって滅ぼされたゾウやサイなどの大型陸生哺乳類に当てはまります。つい数万年前まで南北アメリカ大陸は、ゾウや巨大ナマケモノなど、巨大な陸生哺乳類であふれていたのですが、人類が渡来するとわずか1万年足らずで絶滅してしまったのです。つまり大型の陸上動物は多少の環境変動では滅びないが、**新型の生物との生存競争に直面すると大量絶滅が起きやすくなる**ということです。

海や空での絶滅プロセス

白亜紀末期には、首長竜やモササウルス類、翼竜たちも姿を消しています。彼らが絶滅した原因も、隕石衝突以外にあるのでしょうか？

すでに説明した通り、白亜紀末期には海水温が低下していったことがわかっています。首長竜やモササウルス類の絶滅にも、この要素が関係していると思われます。海水温が下がると、北極と南極の海水が凍結していきます。すると海水面が下がって、海の面積が減っていきます。このことにより、**それまで首長竜やモササウルス類が生活するのに適していた場所が失われ、生息範囲が狭まった**ことにより個体数が減少して絶滅につながったのだと考えられます。また、同じ時期にアンモナイトが絶滅に向かっていたことも、彼らを主食にしていた首長竜やモササウルス類の食糧事情を悪化させて種の衰退を招いた可能性があります。

　翼竜の絶滅は、鳥類との競合がおもな原因と考えられます。すでに白亜紀初めには、小型の翼竜は姿を消して、多様な鳥類に置き換えられていました。つまり翼竜の多様性は低下しており、白亜紀終わりには数種類の大型の翼竜が存在するだけという状況だったのです。**種類が少ないということは、いつ絶滅が起きても不思議はないということを意味します**。

白亜紀後期における北米西部の恐竜の属数

以下は恐竜の属数の減少をまとめたものだ。その時代の代表的な恐竜も合わせて紹介している。こうして見ると、徐々に減っていることがわかるだろう。

7500万年前	11科30属	エイニオサウルス
7000万年前	23属（−7）	サウロロフス
6800万年前	18属（−5）	パキケファロサウルス
6550万年前	7属（−11）	ティラノサウルス

新型哺乳類の台頭が絶滅をもたらした!?

前項では、恐竜が絶滅したのは巨大隕石の衝突がおもな原因ではなく、恐竜の多様性そのものが何らかの原因で低下していたことを述べました。そのほかにも、白亜紀末期から古第三紀初頭にかけてインドのデカン高原で発生した大規模な火山活動も、恐竜絶滅の原因といわれることがあります。恐竜の絶滅は、これらの複数の要因が重なった結果、引き起こされた可能性が高いのです。

このように恐竜の絶滅を引き起こした要因のなかで、もしかすると**最大の影響を及ぼしたかもしれないのが、哺乳類の台頭です**。

恐竜絶滅の真犯人

最初の哺乳類は、三畳紀後期に誕生した体長10センチ足らずのネズミのような生物でした。哺乳類の先祖にあたる「哺乳類型爬虫類」とよばれる生物たちは、三畳紀に大繁栄して大型の両生類や爬虫類、そして恐竜たちと地上の覇者の座を争う存在でした。その後、哺乳類型爬虫類の多くは三畳紀末期の絶滅期に姿を消し、ジュラ紀からは恐竜が大繁栄を始めます。**哺乳類型爬虫類の子孫である哺乳類は体が小さく、目立たない存在でしたが、「白亜紀後半」になると一気に多様性を拡げていきました**。その要因として、花を咲かせる植物、すなわち被子植物が白亜紀中頃から増え、これに伴って花粉を媒介する昆虫（チョウやハチなど）も登場しま

す。すると、植物の果実や昆虫を主食とする哺乳類も多様性を拡大したというわけです。**体が小さい哺乳類の数が増えることで陸上の生態系の不安定さが増し、ついには恐竜を滅ぼしたのではないか**というのが私の仮説です。これで「なぜ陸上の生態系で恐竜だけが絶滅したか」が説明できるのではないでしょうか？

こうした「新型哺乳類（有胎盤類や有袋類）」の進化は各大陸で時間差がありました。有胎盤類の進化が速かった北半球では恐竜の絶滅も速く、南米やオーストラリアなど南半球では恐竜は白亜紀以降も繁栄を続けていたかもしれません。じつは、南米やインドなどでは、隕石衝突後の古第三紀初頭の地層からも、恐竜の化石が報告されているのです。

要するに、我々人類の祖先をふくむ哺乳類は、巨大隕石の衝突で偶然起きた恐竜の絶滅に助けられたのではなく、**自らの力で恐竜を絶滅へと追いやり、新生代の「哺乳類時代」への道を切り開いた**のではないかと思うのです。

新型哺乳類の進化で恐竜の絶滅が加速

体の小さい哺乳類の数が増え、陸上の生態系が不安定に。その結果、生存競争に勝てなかった恐竜が絶滅に追いやられた。

第二章

昔と違う！最新恐竜学

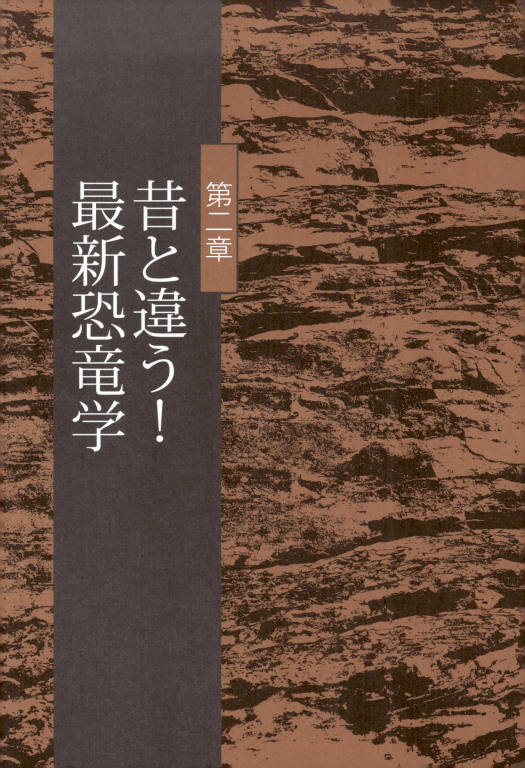

立ち姿が大きく変化した恐竜たち

昔は人間のように直立していた獣脚類たち

今から30～40年ほど前に出版された恐竜図鑑には、どんな姿の恐竜が描かれていたでしょうか？　たとえばティラノサウルスの場合なら、後ろ足で立ち上がり、人間のように地面に対して垂直方向に背筋を伸ばした姿勢で、尻尾は地面に這わせている絵が多かったはずです。

当時はそうした解釈が常識的であり、博物館に展示されているティラノサウルスや、ほかの「獣脚類」たちの全身骨格も、同じように直立に近い姿勢で組み立てられていたのです。また、映画やテレビ番組などの映像作品に登場するティラノサウルスも、直立姿勢でのっしのっしと動きまわっていました。

これに対して、現在の恐竜図鑑に描かれているティラノサウルスの姿は、大きく違っています。後ろ足で立ち上がるという点は共通ですが、**背骨は地面に対して水平に近い姿勢を保ち、尻尾は地面につけずにもちあげています**。この姿勢は、42ページで解説した恐竜の体の「吊り橋構造」や「足跡化石」の研究をもとに推測されたものです。

恐竜の姿勢が吊り橋構造によって成り立っているという考え方は、１９９０年代ごろから一般的にも知られるようになりました。特に知名度を高めることに貢献したのが、１９９３年に公開された映画『ジュラシック・パーク』でしょ

う。世界中で大ヒットしたこの映画に登場したティラノサウルスは、今ではおなじみとなった地面に対して背骨を水平方向に保つ姿勢をとり、頭と尾でバランスをとりながら活動的に動きまわるハンターとして描かれ、多くの人々に恐竜の新しい立ち姿を印象づけました。

　ではなぜ、昔の恐竜図鑑ではティラノサウルスをはじめとする獣脚類たちが、直立した姿勢で描かれていたのでしょうか？　これには、前述の吊り橋構造が関係しています。

　恐竜の体は、「骨盤」を頂点として「背骨」や「首の骨」、「尻尾の骨」などを「靭帯」で引っ張り上げて姿勢を維持しています。ところが、恐竜が死ぬとこの靭帯が乾燥して大幅に縮んでしまいます。これにより、死骸の首や尻尾が背中側に強く引っ張られて、**生きているときの姿とはまったく異なる、背筋を大きく反り返らせた姿勢で化石になってしまうことが多い**のです。昔の研究者はこうした死後に起きたプロセスを知らなかったため、恐竜は背筋を反り返らせた姿勢を保つ生物だと勘違いしてしまい、また現在のカンガルーの姿勢を参考にして直立姿勢の立ち姿が生み出されたのです。

実際にはどんな姿勢がとれたのか

　それでは、昔の恐竜図鑑に描かれていた恐竜の姿勢は、完全に間違ったものだったのでしょうか？　恐竜たちの日常生活のなかで多く見られたシーンと考えると確かに違っているのですが、じつは**恐竜の種類によっては直立姿勢をとることも可能だった**と考えられています。

　たとえばティラノサウルスの場合には、「両足」と「恥骨（腰の骨の一部）」、「尻尾」の4点で体を支えて、背骨を垂直に近い方向に保った姿勢をとっていたと推測される足跡の化石が見つかっています。この姿勢は背骨を水平にしている姿勢よりも頭の位置が高くなるので、より広い範囲を見回すことができたでしょう。獲物を探したり、周囲を警戒しながら休息をとる際には、一時的にこうした直立姿勢をとっていた可能性があります。

ティラノサウルスより小さく、体が軽い獣脚類ならば、もっと無理なく直立姿勢をとることができたと思われます。

獣脚類以外の恐竜は？

獣脚類以外の恐竜の描かれ方も、昔と現在では違っているところがあります。

たとえば巨大な体に長い首と尻尾をもつ「竜脚類」は、昔の恐竜図鑑では頭を高々と上げて食事をしたり、首を体の後ろまで曲げて周囲の様子をうかがう様子が描かれていることがありました。しかし、現在の恐竜図鑑には、こうした姿が描かれることはほとんどありません。

たくさんの首の骨がつながってできている竜脚類の長い首は、一見すると上下左右に自由に動かせそうなイメージがあります。ですが、竜脚類であるアパトサウルスやディプロドクスの首の骨をよく見てみると、背中側に突き出ている「神経棘（しんけいきょく）」という突起部分が長く、首の骨の間隔も狭いため、首を上方向に曲げにくい構造になっていることがわかります。また、ブラキオサウルスやマメンチサウルスのように神経棘の高さが低い種類では、左右にある「頚肋骨（けいろっこつ）」が非常に長いうえ、上下に折り重なっているため、首の動きが著しく制限されていました。ほかにも、首の骨同士が接触している可動する部分（関節突起）が小さいので、左右にもあまり曲げることができなかったと考えられています。こうした研究結果から、**現在の恐竜図鑑における竜脚類は頭を下げて低い位置の草を食べている姿が一般的**となり、首を上げてもせいぜい背中より少し高い程度に抑えられています。

昔の恐竜図鑑には、四足歩行をする恐竜が立ち上がって、高い位置の植物を食べたり肉食恐竜を威嚇するシーンが描かれていたこともありました。これに関しては恐竜の種類によって事情が変わってきます。まず、**一部の「剣竜類」は重心が後足に寄っているので、後ろ足だけで**

立ち上がることができたという考え方が現在でもあります。ただし、剣竜類の代表格であるステゴサウルスは体が大きく、あまり動かない恐竜だったと考えられているため、立ち上がることはなかったでしょう。また、アパトサウルスのような大型の竜脚類は、そもそも後ろ足のひざ関節が大きく曲がらないため、立ち上がるために体を起こすことができません。そのため、これらの恐竜が立ち上がる姿は、現在の恐竜図鑑では見られなくなったのです。

なお、今でもニューヨークのアメリカ自然史博物館の入り口には、子どもを襲おうとしている肉食恐竜アロサウルスを威嚇する、後ろ足で立ち上がったバロサウルス（竜脚類の一種）の組み立て骨格が展示されています。博物館の学芸員であったギャフニー博士（カメ類化石の大家）に「あのポーズは大腿骨が脱臼しているし、おかしいんじゃないの？」と話したところ「どうせ恐竜だし、お客が喜ぶからあれでいいんだよ」というなんともアバウトな答えでした。

ティラノサウルスの立ち姿

30～40年ほど前までは、人間のように地面に対して垂直に背筋を伸ばして立ち、尻尾を地面に這わせている絵が多かった。現在は、研究が進み、地面に対して水平に近い姿勢になり、尻尾はもちあげた状態になっている。

恐竜には羽毛があった

羽毛恐竜が図鑑に登場したのはいつ？

前項では昔の恐竜図鑑と現在の恐竜図鑑における恐竜の描かれ方の違いとして、立ち姿の変化について解説しました。これ以外にももうひとつ、**昔と現在の恐竜図鑑には決定的な違いがあります。それが「羽毛恐竜」の存在です**。

昔の恐竜図鑑では、すべての恐竜はトカゲやワニのように鱗でおおわれた皮膚をもっていました。しかし、現在の恐竜図鑑では、多くの恐竜が鳥のような羽毛をもっています。いったいいつごろから、恐竜たちはこうした姿で描かれるようになったのでしょうか？

きっかけになったのは、１９９６年に中国の遼寧省で発見されたシノサウロプテリクスという「獣脚類」の化石でした。シノサウロプテリクスは白亜紀前期に生息した、体長1メートルほどの小型の獣脚類です。遼寧省で発見された化石はとても保存状態がよく、内臓や産卵寸前の卵の痕跡が確認できるほどでした。そして驚くべきことに、**頭頂部から背中、尻尾にかけて羽毛が生えていた痕跡も確認できた**のです。

その後も羽毛の痕跡が残る恐竜化石の発見は毎年のように続き、現在では20種類以上の羽毛恐竜が確認されています。ですが、恐竜全体から見れば、実際の化石で羽毛をもっていたことが確認できる恐竜の数はほんのわずかに過ぎません。にもかかわらず、現在の恐竜図鑑では多

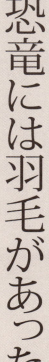

くの恐竜が羽毛をもった姿で描かれています。そのほとんどは、羽毛の存在が確認できる状態の化石がまだ見つかってない恐竜たちなのに、どうしてなのでしょうか？

同じ恐竜の化石であっても、羽毛の痕跡が確認できるものと、そうでないものが存在しています。羽毛は骨のように直接化石となって残っているのではなく、恐竜の死骸が堆積物の中につつまれたあとに分解されて無くなり、羽毛の型だけが残されています。このような化石ができあがるには、**恐竜の死骸がほかの生物や自然現象によって傷つけられる前に、きれいな状態で堆積物に埋まることが必要になります**。遼寧省の発掘現場は、白亜紀には火山活動が活発な地域で、恐竜の死骸の上に急速に火山灰が降り積もり体全体をおおってしまう、特殊な環境だったと考えられています。こうした環境はあまり例がなく、遼寧省以外ではドイツやシベリア（ロシア）などほんの一部の場所でしか羽毛恐竜の化石は見つかっていません。羽毛の痕跡が残るということは、大変まれで幸運なことである、というのがわかりますね。

羽毛恐竜のほとんどは体長1メートル前後の小型恐竜が多かったのですが、２０１２年にはユウティラヌスという**全長９メートルの大型獣脚類の化石からも、羽毛の痕跡が発見されました**。これにより、大型恐竜も羽毛をもっていたと考えられるようになりました。ユウティラヌスは白亜紀前期に生息していた恐竜で、ティラノサウルスと同じグループに属しています。ティラノサウルス自身の化石から羽毛の痕跡が見つかったことはありませんが、同じグループの大型恐竜に羽毛があったという事実から、現在ではティラノサウルスも羽毛をもっていたという説のもとに、さまざまな姿のティラノサウルスが描かれるようになりました。

また、羽毛は肉食恐竜だけでなく、２０１４年に報告されたクリンダドロメウス（ジュラ紀中期のシベリア産）のような植物食の原始的な「鳥盤類」にも確認されています。**「恐竜はもと**

もと羽毛を持った動物として進化した」と考えるのが理にかなっているのです。

羽毛の起源

では、恐竜はいつごろから羽毛をもつようになったのでしょうか?

これについてはまだはっきりとわかっていません。現在までに発見されている羽毛恐竜のなかで最も古いものは、前述したクリンダドロメウスという恐竜です。約1億7000万年前(ジュラ紀中期)に生息していました。また、1億6000万年前の中国からは、アンキオルニスという鳥類のような羽毛恐竜が見つかっています。アンキオルニスには、すでに空を飛ぶための風切羽がありました。

恐竜や鳥類がもつ羽毛は最初から風切羽の形をしていたわけではありません。最初期の羽毛は爬虫類の鱗が変化してできた「原羽」とよばれるもので、1本のチューブのような繊維でした。それから何段階かの進化の過程を経て、1本の羽軸から左右方向に羽枝がのびる「正羽」という形になり、さらには左右非対称な「風切羽」へと発達したと考えられています。つまり、まだ発見されてはいないものの、アンキオルニスよりずっと古い時代、**おそらくは三畳紀に、原始的な羽毛をもつクリンダドロメウスのような恐竜がいた**と思われます。

なお、恐竜が羽毛をもつに至った経緯は、保温のためだったという考え方が主流です。恐竜が生息していた時代は現在より高温でしたが、夜は気温が下がったはずです。三畳紀に出現した初期の恐竜は、いずれも体長2メートル前後で体温が変化しやすかったと思われますので、羽毛の発達は体温を一定に保つ効果があったことは確かでしょう。**夜間に活動するようになった初期の小型恐竜が、体温を保つために羽毛を進化させたのが始まり**ではないかと考えられるのです。

羽毛恐竜の姿

ヴェロキラプトル

白亜紀後期に生息した小型獣脚類。代表的な羽毛恐竜で、近年の想像図は全身に羽毛がある飛べない鳥のような姿になっている。

恐竜が羽毛をもち、発達させた理由

①夜の寒さをしのぐため

夜行性になった恐竜が、夜の寒さをしのぐために羽毛をもつようになった。

②異性にモテるため

羽毛をさまざまな形や色に発展させ、仲間や異性へのアピールに使った。

③空を飛ぶため

一部の恐竜が羽毛を風切羽に発展させ、体の構造も変化させて空を飛ぶ能力を得た。

恐竜の色

恐竜の体色はどのように決めている？

恐竜図鑑には数十種類、多いものでは百種類以上の恐竜のカラフルなイラストが掲載されていますが、こうした恐竜たちの色はどのようにして調べられたのでしょうか？

結論から言ってしまうと、**ほとんどの恐竜の皮膚の色は、わからないというのが実情**です。恐竜の皮膚の色を調べようにも、化石として発見されるのはほとんどが骨の部分です。そして、運よく皮膚の化石が残っていたとしても、その色は周囲の地層の色であって、生きていたときの皮膚の色ではありません。図鑑を見くらべてみると、同じ名前の恐竜でも色や模様が違っている場合が多くあります。図鑑のイラストを描く担当者が想像力を働かせて、それらしく見えるように独自の色付けをしているためです。

しかし、完全に自由な発想で色や模様を決めているのではなく、ほとんどの場合は現在の動物たちを参考にしています。たとえば、砂地や岩場にすむトカゲなら茶色や暗灰色をしていますし、樹上生活をするトカゲなら木の葉と同じ緑色をしているものです。恐竜も同じようなものであったと考え、**骨格から恐竜の生活スタイルや住んでいた場所を想像して、そこでの生活に適した色や模様を決めている**のです。また、鳥類は意外に派手な色をしているものが多いことから、羽毛をもった恐竜に、とりわけ派手な

色付けがされることがあります。恐竜が羽毛をもつきっかけになったのは体温維持のためだといわれていますが、現在の鳥類と同じように、**仲間や異性へのアピール手段として、さまざまな色や模様の羽毛を活用していたこともほぼ確実**です。オスとメスでまったく違う色の羽毛をもっていた場合も多かったと考えられています。

じつは、骨からでは恐竜のオスとメスは区別ができないとされています。恐竜と近縁の鳥類は、クジャクのようにオスとメスで羽根の色や形がまったく違う種類が多いのですが、骨格を見ても雌雄差はほとんどありません。おそらくですが、恐竜は色、あるいは声など、化石には残りにくい要素で同種の異性を見分けていた可能性が高いのです。

最新の分析によって明かされた体色

これまで解説したように、恐竜たちの色や模様は描き手の想像力や推察によって決められてきました。しかし、科学研究の進歩とはすごいもので、近年ではごく一部の恐竜に関しては、化石を分析することによって体色を調べることも可能になってきています。

調査の対象となったのは、世界で初めて発見された羽毛恐竜である白亜紀前期のシノサウロプテリクスでした。２０１０年、中国とイギリスの研究チームは、シノサウロプテリクスの羽毛化石を電子顕微鏡で解析して、「メラノソーム」の痕跡を発見しました。メラノソームとは色素を含む細胞内の小器官です。この発見に先立つ２００８年には、１億年前の鳥類の化石からメラノソームが発見されていましたが、恐竜化石からの発見はこれが世界初の快挙でした。研究チームはさらに分析を進め、メラノソームの大きさの違いから**シノサウロプテリクスの背中から尻尾にかけてはオレンジ色の羽毛が生え、尻尾はオレンジ色と白の縞模様だった**ことをつきとめました。

同様の調査はほかの化石にも行われ、ジュラ紀後期のアンキオルニスという恐竜は、白と黒の羽毛だったことが判明しました。さらにアンキオルニスの頭には赤色のトサカがあったことも判明しています。また、最初の鳥類といわれる始祖鳥は、２０１２年に黒い羽をもっていたと発表されましたが、その後の調査によって**羽の内側は明るい色だったことが判明して、複雑な色合いであったことがわかっています**。

ただし、この調査方法でわかるのは、一部の羽毛の色だけです。全身がどんな色をしていたのかについては、多くのサンプルを調査する必要があります。まだ開発されたばかりの分析方法なので、今後の研究成果が楽しみですね。

恐竜の色を知る新たな手がかり

羽毛化石を分析して体色をつきとめる手法は、当然のことながら羽毛恐竜にしか適用できません。それでは、羽毛の痕跡が発見されていない恐竜の色を知る方法はないのでしょうか？

２０１４年に、そのヒントとなりそうな興味深い研究結果が発表されています。スウェーデンの研究チームが、エオスファルギスという海ガメ（５５００万年前のオサガメの祖先）、８６００万年前のモササウルス類、１億９０００万年前のイクチオサウルス（魚竜）の化石に残された皮膚の組織を分析して、メラニン色素を発見したのです。メラニン色素は皮膚の色に大きな影響を与える色素で、量が多ければ皮膚の色は黒ずんだ色になります。調査対象となった3種類の化石はどれも色素の量が多かったため、現在のオサガメのように黒っぽい色をしていたと考えられています。研究チームは、**黒い体色は海面近くに浮かび上がって日光浴をする際に、効率よく日光を吸収して体を温めるのに役立ったのではないか**と推測しています。

この手法を羽毛ではなく鱗が保存されている恐竜に当てはめることができれば、正確な色や模様までは難しくとも、色の濃淡を判明することはできそうです。恐竜たちの多くが本当はどんな色をしていたのか、解き明かされる日は近いのかもしれません。

色が判明した羽毛恐竜

シノサウロプテリクス

シノサウロプテリクスは世界で初めて発見された羽毛恐竜であり、羽毛の色が判明した恐竜でもある。背中から尻尾にかけてはオレンジ色の羽毛が生え、尻尾はオレンジ色と白の縞模様だったことがわかっている。

恐竜と鳥の関係

鳥類は恐竜の子孫

本書の最初、20ページでは恐竜の定義について解説しました。そこでは、恐竜とは「トリケラトプスと現生鳥類を含むグループの最も近い祖先から分岐したすべて」であると述べています。**現代の「鳥類」は、恐竜のグループのひとつである「獣脚類」から派生した生物**なのです。

鳥類が恐竜の子孫であるという考えが生まれたのは、ある化石がきっかけでした。

それは、１８６１年にドイツで発見された「始祖鳥」の化石です。始祖鳥は学名をアーケオプテリクスといい、名前には「古代の翼」という意味があります。その由来通り、始祖鳥の化石には現代の鳥類と同じような翼や「風切羽」を含む羽毛が残されていました。その一方で、始祖鳥は小さな歯が並ぶアゴをもち、３本の長い指がある前足や長くまっすぐに伸びた尻尾など、現在の鳥類とは異なる爬虫類的な特徴も備えていました。

１８５９年、イギリスの科学者チャールズ・ダーウィンが進化論についての著作である『種の起源』を出版し、生物は時間をかけて変化していくという考え方、すなわち「進化論」が登場しました。進化論を熱烈に支持していたイギリスの生物学者トマス・ハクスリーは、メガロサウルスという獣脚類とダチョウの後ろ足の構造がよく似ていることから、獣脚類と鳥類は近

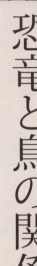

い関係にあると考え、**始祖鳥は恐竜から鳥類が進化したことを示す証拠であると主張しました**。

しかし、ハクスリーの主張は、始祖鳥や現代の鳥類に見られる「叉骨（さこつ）」という骨が恐竜には見当たらないことで、支持されなくなってしまいます。叉骨とは左右の鎖骨がくっついてできている骨で、左右の肩をつないで骨格を強化し、翼の動きを助けるという重要な役目があります。ところが、当時発見されていた恐竜には、叉骨どころか鎖骨すら存在しなかったのです。鎖骨をもたない恐竜から、叉骨をもつ始祖鳥へ進化したとは考えにくかったため、「始祖鳥は恐竜以外の生物が進化して誕生した」と考えられるようになってしまったのです。

この考え方はその後１００年ほど主流でしたが、１９７３年にアメリカの古生物学者ジョン・オストロムが発表した研究成果によってくつがえされることになりました。オストロムは**獣脚類にも鎖骨があるという研究結果を発表**し、とりわけデイノニクスなどの「ドロマエオサウルス類」という恐竜と鳥類の骨格の特徴がとてもよく似ていると主張しました。これにより、始祖鳥は再び恐竜から進化した生物と解釈されるようになったのです。

獣脚類が鳥類に進化するまでの道のり

獣脚類の仲間は、どのような過程を経て始祖鳥や現代の鳥類のような体に変化していったのでしょうか。72ページの図は、獣脚類がどのように進化して枝分かれしていったのか示したものです。これを参考に、獣脚類が鳥類に進化する過程を追ってみましょう。

鳥類に至る第一歩目の変化は、体温を保つために羽毛をもつようになったことでした。

最初期の羽毛は、「原羽」とよばれるチューブ状の繊維でした。72ページの図では、シノサウロプテリクスがこの段階にいる恐竜です。

次の変化は、前足に生えていた羽毛が、１本の羽軸から左右方向に羽枝がのびる「正羽」という形になったことでした。これによって前足の羽毛はボリュームを増し、小さな翼のような形になりました。また、尻尾にも前足と同じような羽毛をもつようになっていきます。こうした変化は、仲間や異性へのアピール、あるいは卵を抱いて温めるために始まったものだと考えられています。72ページの図では、オヴィラプトルがこの段階にいる恐竜です。

この次に起きた変化が、肩の関節が横向きになり、腕を上下に動かして羽ばたくことができるようになったことです。また、前足の羽毛は羽枝が左右非対称にのびた風切羽に変化しました。こうした変化によって、獣脚類はついに空を飛ぶことができるようになりました。「マニラプトル類」とよばれる獣脚類がこの段階にありました。尻尾の羽毛も密度を増し、空中で方向転換をする舵の役目を果たしたと考えられています。ちなみに、この段階に初めて達したのが、始祖鳥より1000万年前のジュラ紀の中国から見つかるアンキオルニスです。アンキオルニスには風切羽のある大きな翼があり、かなり自由に空を飛ぶことができたと思われます。中国遼寧省にあるアンキオルニスの化石産地を訪問したことがありますが、アンキオルニスの化石はすでに数百点が見つかっているそうです。おそらく当時の森の中や湖の上を群れて飛び回っていたのでしょう。

獣脚類は始祖鳥の段階ですでに飛行する能力を獲得していましたが、翼を動かすのに必要な胸の筋肉が少なく、現在の鳥類ほど上手に飛行することはできませんでした。そうした点を解消するために胸の骨はしだいに大きくなっていき、やがて「竜骨突起」とよばれる板のような骨をもつようになります。この竜骨突起に羽ばたくための筋肉がたくさんつくことによって、獣脚類はさらに高度な飛行能力を獲得しました。また、尻尾の骨はだんだん短くなっていき、長くのびた尾羽が尻尾の役目を果たすようになりました。72ページの図では「真鳥類」がこの段階にあります。このようなプロセスで、地上生活をしていた獣脚類は鳥類へと進化したのです。

以上のようにさまざまな羽毛恐竜の発見により、恐竜から鳥類への進化の過程が詳しく明らかになってきたのですが、じつは鳥類の定義をどうするかが大きな問題になっているのです。

私は「**鳥類とは、風切羽のある翼を備えていて、空中を飛行可能な動物である**」とすればいいと思います。誰にとってもすごくわかりやすい定義ではないでしょうか。この基準にしたがうと、アンキオルニスは始祖鳥よりも約１０００万年も古い最古の鳥になります。ところが、アンキオルニスはヴェロキラプトルなどと同じくマニラプトル類の恐竜とされ、鳥類には含まれていません。どうしてなのでしょうか？

中国産のアンキオルニスを鳥と認めてしまうと、ドイツから見つかっている始祖鳥は最古の鳥でなくなってしまいます。これは**最古の鳥類の化石が、ヨーロッパから失われてしまうことを意味します**。これが、古生物学研究の主流を占めている欧米の研究者には我慢ならないことのように私には思えるのです。科学者といえども人間ですから、感情によって解釈が左右されることがあるということをこの論争は示しているのではないでしょうか？

なおアンキオルニスは、マニラプトル類の中でも年代的にも系統的にも古く、ヴェロキラプトルなど白亜紀のマニラプトル類の祖先といえる動物でした。どうやらヴェロキラプトルは体が大きくなって、飛行能力を失った羽毛恐竜だったらしいのです。体が大きくなったなどの理由で空を飛ぶことのできなくなった鳥は、ダチョウやエミューがおり決して珍しくありません。**もしアンキオルニスがいずれ正式に鳥類として認められれば、ヴェロキラプトルなどマニラプトル類の多くが二次的に飛翔能力を失った鳥**ということになるでしょう。

「ラプトル」の仲間は映画『ジュラシック・パーク』や『ジュラシック・ワールド』でも重要な恐竜として登場しますが、じつは彼らが空を飛べなくなった鳥だと考えると、それもまた楽しいことではないでしょうか？

獣脚類分類図（一部）

本図は主要な獣脚類の進化と分岐を示したもの。現生鳥類は獣脚類の末裔であり、現代に生き残った恐竜と言えなくもない。

恐竜の子育て

恐竜は卵を守ったのか？

恐竜の子孫である鳥類は、卵やふ化したヒナを親が守り、食事を与えて一人前になるまで育てあげます。では、恐竜たちは子育てに該当するような行動をしていたのでしょうか？

第一章でもふれたように、**恐竜は硬い殻で覆われた卵を産む生物**でした。まずは恐竜が卵を外敵から守ったり、世話をしたのかについて考えてみましょう。

どのようにして卵を産んだのかは、恐竜のグループによっていくつかのパターンがあります。

このうち、卵を守る習性があった確率が高いと思われるのが、巣を作って産卵していた恐竜たちです。代表的なのは、オヴィラプトルなど「獣脚類」の恐竜です。オヴィラプトルやマニラプトル類は地面に円形の浅い穴を掘って、中に卵を産んでいたことがわかっています。卵は穴の外周に沿うように規則正しく並べられており、巣の中心には置かれていませんでした。このことから、**オヴィラプトルやマニラプトル類は産卵後に巣の中央に座り込み、自分の体を卵にかぶせて、保温や外敵からの保護を行っていた**と推測されています。実際に、卵に覆いかぶさった状態で死んだオヴィラプトルの化石が発見されていることも、この説の正しさを裏付ける証拠とされています。

ただ、現代の鳥類と異なる特徴として、彼ら

の楕円形の卵は地面に突き刺さるように立てられており、その下半分は地中に埋められていたようなのです。また1つの巣に20個前後の卵が産み付けられているのですが、1匹のメスが産んだにしては数が多すぎるのが謎でした。現在のダチョウやエミューは、1羽のオスが守っている巣に複数のメスが卵を産み落としていくので、1つの巣の中にある卵の数は数十個にもなります。産卵を終えたメスは巣を離れてしまい、卵を温めて守るのはもっぱらオスの役割となります。モンタナ州立大学のヴァリキオ博士は、獣脚類の恐竜でも同じような習性がすでにあったのではないかと推測しています。第三章で紹介する、**卵の上に乗っていたオヴィラプトルはオスだった可能性がある**わけです。

また、現代のペンギンやカモメの仲間の多くは、多数の個体が1つの場所に集まって産卵し、同時に子育てをしています。こうした場所を「集団営巣地」と呼びます。**恐竜のなかにも、このような集団営巣地を作るものがいたようで、1か所から大量の卵の化石が発掘されることがあります**。2013年には、モンゴルのゴビ砂漠で、大規模な集団営巣地が発見されました。この営巣地を作ったのは「テリジノサウルス類」という大型で植物食だったと考えられる獣脚類で、発掘現場からは全部で18個の巣が確認されています。1つの巣には最大で8個の卵が産みつけられており、そのほとんどの上部が開いていました。卵の中には恐竜の子どもの骨はなく、ほかの恐竜に荒らされたような痕跡も見つからなかったことから、上部が開いた卵は無事にふ化したものと考えられています。調査によると、この営巣地にあった卵のふ化率は70％以上に達したということです。これだけの数の卵がふ化できたという事実から、**テリジノサウルスは産卵後も卵のそばに留まり続け、卵を狙う外敵が近づくのを防いでいた可能性が高かった**と思われます。

集団営巣地を作りながら、卵を産んだあとはまったく世話をしなかったという生物もいます。

現代の動物では、ウミガメがこのタイプです。恐竜では、「竜脚類」や多くの「鳥盤類」が、同じような産卵方法をとっていたと考えられています。アルゼンチンのパタゴニア地方には、白亜紀後期に生息した竜脚類の「ティタノサウルス類」のものと思われる集団営巣地があります。この地域では、地面に掘られた穴の中に25個ほどの卵が産みつけられた巣が、無数に見つかっています。ティタノサウルス類のメスたちは繁殖期になると営巣地に集まり、後ろ足で地面を掘って卵を産み落とすと、卵に土砂や草木をのせて隠しました。そして少し移動しては、また同じように穴を掘って産卵を繰り返し、**合計で１００個ほどの卵を毎年のように産んだと考えられています**。一度に１００個も産むのであれば、いちいち親が世話をしなくてもいくつかは無事にふ化できるでしょう。こうした理由から、ティタノサウルス類などの竜脚類は産んだ卵の世話をすることはなかったと考えられているのです。

ニューギニア周辺に生息するツカツクリという鳥類では、枯葉などの発酵熱などを利用して、自分では抱卵しない習性が知られています。田中康平さん（名古屋大学）によるとテリジノサウルス類の卵は枯葉の中に全体が埋められていて、ツカツクリのような習性をもっていた可能性があるということです。**恐竜のなかにも、いろいろな産卵や世話の仕方があったことは間違いない**ようです。

恐竜は子どもの世話をしたのか？

さて、自分の卵を温めたり外敵から守っていた恐竜たちは、卵がふ化したあとも子どもたちの世話をしたのでしょうか？　この話題が出たときによく名前が挙げられるのがマイアサウラです。マイアサウラは白亜紀後期に生息していた「鳥脚類」で、名前には「良い母親トカゲ」という意味があります。この名前がつけられた理由は、**この恐竜が子育てを行っていた可能性が高いと考えられたからです**。

マイアサウラの巣の化石は、アメリカのモンタナ州で発見されました。巣は直径1メートル、深さ50センチほどの穴で、中には数体の子どもの化石がありました。この子どもたちは足首の関節が未完成で、歩くことができない状態でした。しかし、子どもたちの歯にはすり減った痕跡があり、巣の中からは植物の化石も見つかっています。このことから、マイアサウラの親は子どものためにエサとなる植物を巣に運び、子育てをしていたという説がうまれたのです。

ですが、この事実だけで、マイアサウラが子育てをしていたと決めつけるのは早計です。じつは、**恐竜の子どもは卵の中にいる状態でも歯ぎしりをするということが判明**しており、歯がすり減っていることは巣の中で親からエサをもらっていた証拠とは断言できないのです。また、巣の中から腐肉を食べるシデムシという昆虫の化石が発見された例もあることから、巣の中にいた子どもは卵から生まれる前に何らかの原因で卵が割れ、死んでしまったもの（そのため足首の関節が不十分である）と考える研究者もいます。こうした反論もあり、マイアサウラなど鳥盤類の恐竜が子育てをしていた可能性は確実ではありません。

そもそも、**すべての恐竜の子どもは、生まれたときから親と同じ体つきをしていて、骨や歯の造りもしっかりしており、親と同じように歩き、自力で食事をすることもできたと考えられています**。つまり、わざわざ親に食事の世話をしてもらわなくても、子どもたちは自分の力で生き抜くことができたと考えられるのです。これはダチョウやエミュー、あるいはウズラなど地面の上に営巣する鳥類も同様で、ふ化したヒナはすぐに立ち上がって親について歩き回ります。世話をする親は、ヒナに外敵が近づかないように保護はしますが、ヒナにエサを与えるようなことはしません。ヒナは親の真似をしながら食べられるものを学習していくのです。オヴィラプトルなど卵を温めていたと思われる獣脚類の恐竜も同様の習性があったと考えられます。

種別ごとの産卵・子育て

獣脚類

多くの種が巣に卵を産んだあと、ふ化するまで卵を保温したり、外敵から守っていた可能性が高い。子どもの世話をしたのかについては不明。

竜脚類・鳥盤類

多くの種が卵を産んだあとはその場を立ち去り、世話をしなかった可能性が高い。ただし、一部の角竜類は多数の幼体と成体の化石が同時に発掘されることがあり、子どもを含む群れを作っていた可能性がある。

子育てで有名なマイアサウラ

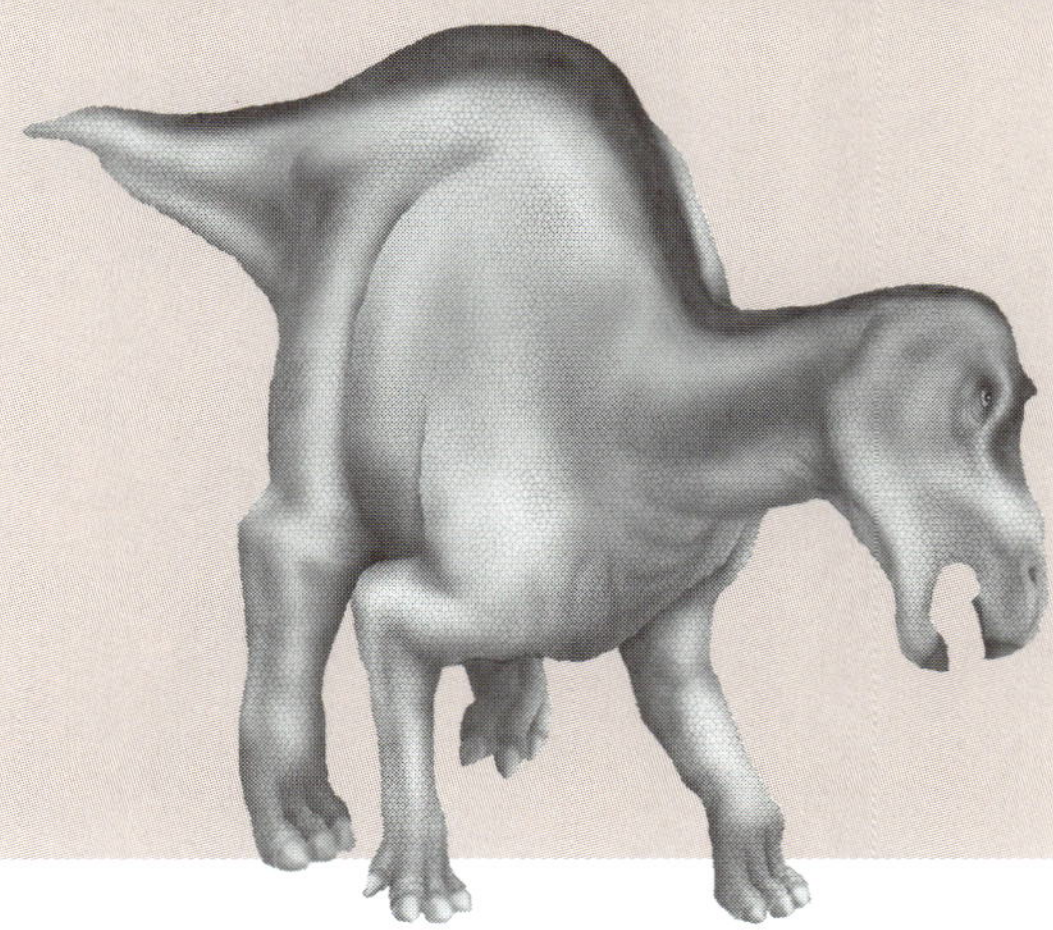

マイアサウラ

巣の中で見つかった子どもの化石の特徴から、子育てをしていたといわれる恐竜。しかし、反論もあり子育て説は確実とはいえない。

恐竜は群れを作ったのか？

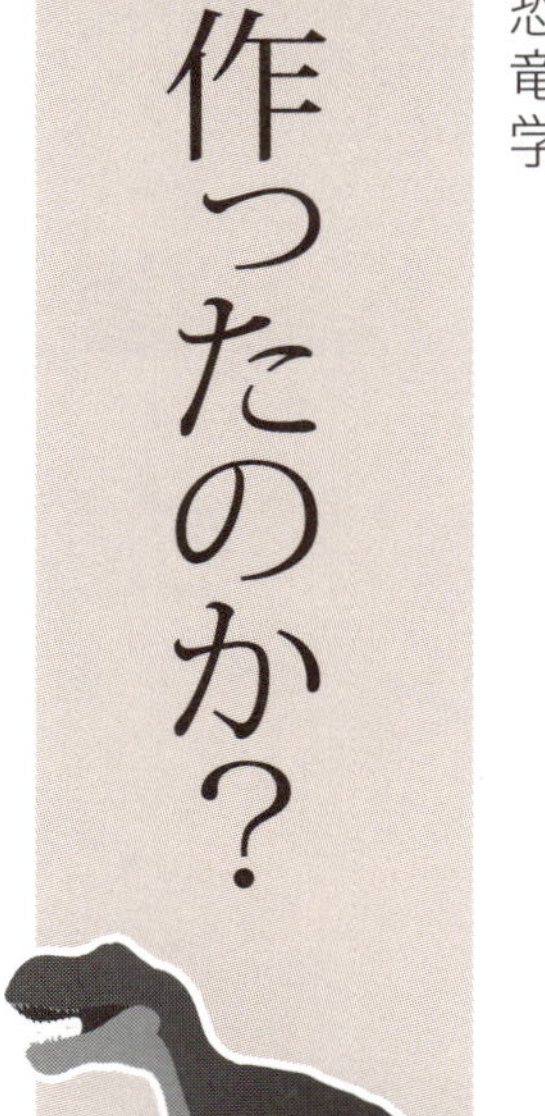

群れを作っていたかを知る手がかりは？

現代の動物たちは、群れを作って集団生活をするものもいれば、単独生活を好むものもいます。恐竜たちはどうだったのでしょうか？

恐竜の集団生活について知る手がかりとなるのは、化石の発見された状況（産状ともいいます）です。たとえば、**1つの場所から同じ種類の恐竜の化石が複数発見された場合には、その恐竜が群れを作っていた可能性があります**。

ただし、発見場所が川の河口のように恐竜の死骸が流れ着く場所だった場合、「ほかの場所で死んだ恐竜がたまたまそこに集まった」という可能性もあります。そのため、化石が見つかった地層が当時はどのような環境であったのか、きちんと分析しなければいけないのです。

また、もうひとつ有力な手がかりになるのが、足跡の化石です。**同種の恐竜の複数の足跡が同じ方向に向かって残されている場合には、その恐竜が集団行動をしていた可能性があります**。

しかし、これにも注意点があり、足跡が同じ時代についたものなのかを慎重に調査する必要があります。現代の山野でも多くの動物はだいたい決まった道を通るため、地面が踏み固められて「けもの道」が作られています。恐竜たちも同じようにある程度決まった道を通っていて、さまざまな時期の足跡が同じ場所に残されている可能性が十分に考えられるからです。

獣脚類の群れ

さて、こうした手がかりをもとに研究が進められた結果、「マニラプトル類」など小型の「獣脚類」の多くは数頭から数十頭の群れを作っていたと考えられることが多いです。

代表的なものには、デイノニクスやヴェロキラプトルがいます。デイノニクスは白亜紀前期に生息した、体長2．5～4メートルほどの獣脚類です。映画『ジュラシック・パーク』シリーズに登場する「ラプトル」という狂暴な肉食恐竜は、このデイノニクスがモデルといわれています。そういった意味では、知名度の高い恐竜といえるでしょう。

デイノニクスが最初に発見されたのは、1964年のことです。このときには同じ場所から4体のデイノニクスと、テノントサウルスという「鳥脚類」の化石が同時に見つかりました。テノントサウルスは体長6～8メートルほどの恐竜で、デイノニクスが単独で挑むには大きすぎる獲物です。この状況から、4体のデイノニクスは集団でテノントサウルスを襲ったものの返り討ちにあい、テノントサウルスも力尽きて倒れたという推測がオストローム博士によって発表されています。

しかし、群れで化石が見つかったからといって、集団で大きな獲物を襲っていたと推測するのは無理があります。現代のワシやタカ、フクロウなどは集団で狩りをする習性は知られていません。肉食動物は、**自分が怪我をするリスクを避けて、狩りを確実に成功させるために、自分よりずっと小さな獲物、あるいは抵抗力のない弱った獲物、あるいは死体を食べるのが普通**です。デイノニクスも自分より小さな、ほかの動物を捕食していた可能性が高いと考えるのが無難かと思います。

また、シノオルニトミムスという獣脚類は、20体以上の化石が同じ場所から発掘されている例があることから、群れを作っていた可能性が高いとされています。こうした群れには、幼体から成体までさまざまな世代が含まれていたので、現代のシマウマやヌーのように多世代が混合した群れを作っていたようです。

最も有名な獣脚類であるティラノサウルスが群れを作っていた明確な証拠となる化石は、今のところ見つかっていません。ただ、ティラノサウルスに近縁の獣脚類であるアルバートサウルスは、幼体を含む9体の化石が同じ場所から発見されたことがあり、群れを作っていた可能性が指摘されています。**体が小さい幼体のうちは、集団で行動することで体の大きな捕食者から逃げやすくなるという利点がある**ため、群れを作っていたと思われます。

そのほかの恐竜たちの群れ

獣脚類以外の恐竜が群れを作っていた事例について考察してみましょう。

角のない原始的な「角竜類」であるプシッタコサウルスの子どもの化石が、1か所に34匹もまとまって見つかった例が中国遼寧省の白亜紀前期から報告されています。プシッタコサウルスの子どもはほぼ同じ大きさで、体長23センチほどでした。いずれも頭部から尾まできれいにつながった完全な骨格です。理由はともかく、子どもたちの群れが一度に生き埋めとなったことは確かです。また子どもの群れのそばに、体長2メートルと推定される大人のプシッタコサウルスの頭骨が発見されたことから、子どもたちは大人に保護してもらっていたのだともいわれていますが、そこまでは言い切れないように思います。

ほかにも、同じぐらいの年齢の若い恐竜が群れで化石として見つかった例は、モンゴルのプロトケラトプス（角竜類の1種）やサイカニア（「ヨロイ竜」の1種）などが知られています。**1つの巣で同時期にふ化した子どもが、しばらく群れで暮らすことは普通にあった**ということでしょう。

「竜脚類」は、足跡の化石の分析から大きな群れを作っていた可能性が高いとされています。

その証拠のひとつが、１９４０年にアメリカのテキサス州で発見された、複数の竜脚類の足跡の化石です。分析により、この場所では大小さまざまなサイズの竜脚類が、同じ方向に向かって進んでいたことがわかりました。このとき、小さな足跡は群れの中央部分に固まっていたことから、竜脚類はゾウのように子どもを群れの中心において、外敵から守っていたという説がとなえられました。

しかし、この説には異論もあります。体の小さな子どもは、体を成長させるためにたくさんの食事を必要とします。ですが、体が大きく首が長い（広い範囲の植物を食べられる）大人に囲まれていては、なかなか食事にありつけません。食事をするためにわざわざ群れの外側へ行き、群れが移動を始めたらまた中央へ戻るのも無駄の多い行動ですし、大人に踏まれてしまう危険もあるでしょう。

こうした点から、**大人の群れと子どもの群れは別のもので、足跡の化石は２つの群れが別の時間に同じ道を通ったことによって、たまたま重なった**とも考えられるのです。どちらの説が正しいのかを判断するには、より慎重な調査が必要になると思われます。

群れを作る理由とは？

竜脚類が群れを作った理由は、まずは**肉食恐竜から身を守りやすくするため**でしょう。巨大な大人の竜脚類が群れていれば、肉食恐竜もそうそう手出しはできません。小さな子どもの群れにはそうした効果は期待できませんが、集団で行動していれば肉食恐竜に襲われても誰か１体が犠牲になるだけで、ほかの個体は逃げることができたでしょう。さらに、同じ種類の恐竜がいつも群れていれば、**繁殖期に異性を探す手間が省ける**という利点もあります。

もっとも、恐竜の幼体が群れで見つかる例が多いのは、体が小さいだけに群れ全体が生き埋めになるリスクも大きいからだともいえます。また植物食の恐竜は、成体でも群れて暮らしていた可能性は高いと思われます。**植物食の動物の場合、肉食動物ほど縄張り意識が高くないので、群れでいることのストレスは小さい**のです。

ある動物番組で、草原にいる野生のウサギの群れが1匹のイタチに襲われるシーンを見かけました。群れはパニックになりましたが、1羽のウサギがイタチに殺されてしまうと、ほかのウサギたちは落ち着きを取り戻して、また草を食べ始めました。イタチが食事中のあいだは、自分たちは安全であるということがわかっているのです。植物食の恐竜たちの群れも同じような機能をもっていたことでしょう。

恐竜が群れを作った理由

獣脚類、竜脚類、鳥盤類のいずれも、幼体のときには外敵に襲われやすい。少しでも生存率を高くするために、群れを作っていた可能性が高い。

群れは同じサイズの個体で構成する。サイズが違うと、食べる量や運動量が異なるため、一緒に行動することができない。また、踏み潰されたり、共食いの対象になってしまうこともあり、危険。

恐竜の運動能力

恐竜の移動速度を知る方法

恐竜はすでに絶滅した生物なので、実際に動いている姿を見ることはできません。ですが、どの程度の速度で動くことができたのか、調べる手がかりはあります。

そのひとつが足跡の化石です。足跡の大きさや歩幅から恐竜の腰の高さや足の長さを推測し、足を動かしていた速度を計算で導き出すのです。この計算には、現代の哺乳類や鳥類のデータが参考に使われています。

また、骨格から適正な筋肉の量や体重を推測して、移動速度を割り出すという手法もあります。こちらの方法でも、やはり参考になるのは現代の動物のデータです。

どちらの方法でも、最終的には現代の動物のデータとの比較が必要になります。じつはここに問題点があります。**どの動物のデータを参考にするかによって、計算結果に違いが出てしまう**からです。また、生物が速く移動するためには適正な体重というものがあり、それより体が重すぎても軽すぎても最高速度は落ちるようになっています。この**適正体重についてもさまざまな説があるため、計算結果が変わってしまいます**。こうした原因により、研究者たちが算出した恐竜の最高速度には大きな幅があります。たとえばティラノサウルスの場合、最も速いもので時速68キロ、遅いものでは18キロと、３倍

以上の開きが出てしまっているのです。

恐竜はそれほど速くなかった?

時速68キロといえば、競走馬がゴール前で出すトップスピードに近い速さです。体長12メートル、体重6トンにもなる巨体を誇るティラノサウルスが、そんな速度を出せたでしょうか?

2002年、イギリスの科学雑誌である『ネイチャー』に、ティラノサウルスの足の筋肉量を算定した論文が掲載されました。これによると、体重6トンのティラノサウルスが時速50キロ程度で走るためには、体重の約86%にあたる筋肉が足についている必要があるということでした。もちろん、ティラノサウルスがそんないびつな体形をしているはずはありません。

さらに、ティラノサウルスの足の骨は、時速68キロもの速度で走る衝撃に耐えられるほど頑丈なつくりではありません。体が小さく軽い幼体の時期ならば時速30~40キロ程度で走ることができたかもしれませんが、**大人のティラノサウルスが走る速度はせいぜい時速20キロ前後だったのではないかと考えられているのです。**

現在、地上で最も速く走ることができる二足歩行の動物はダチョウで、最高速度は時速70キロ以上に達します。また時速60キロの速度を維持しながら1時間以上走り続けることもできます。ダチョウが人間のマラソンレースに参加したらわずか40分ほどで完走してしまうことになります(コースアウトしなければの話ですが)。まさに驚異の身体能力といえます。

ダチョウのように足が長くスマートな体形だった「小型獣脚類」は、ダチョウと同じかそれ以上の速度を出せた可能性があります。しかし、それより大きな獣脚類の速度は、過去の計算結果からある程度割り引いて考えてみたほうがいいでしょう。

四足歩行の恐竜の場合

一方、四足歩行する恐竜に関してはどうでしょうか?

四足歩行する動物が走るときには、前足を踏み出したときに大きな衝撃がかかります。そのため、速く走るには前足が後ろ足と同じくらい頑丈で、衝撃に耐えられる構造になっている必要があります。

しかし、恐竜は本来は二足歩行の動物です。四足歩行していた恐竜のほとんども後ろ足に重心が寄っていて、前足は後ろ足にくらべると貧弱な構造でした。これではとても走る衝撃に耐えられそうにありません。走るときには後ろ足だけで立ち上がった、もしくは体が軽く前足にかかる負担が小さかった小型の恐竜は、それなりに速く走ることができた可能性がありますが、**大型の恐竜はせいぜい早歩きしかできなかった可能性が高い**でしょう。

速く走るための適正体重

ネコ科のチーターは現代最も速く走ることのできる動物であり、瞬間的には最高時速100キロ以上に達します。ただし、ダチョウと違って長時間走り続けることはできません。最長でも数百メートルの距離を疾走して、狙った獲物を仕留めるのです。

ダチョウやチーターのように高速で走ることのできる動物で重要なのは体重です。チーターの体重は最大72キロですから人間とほぼ同じです。ダチョウは最大で体重135キロにも達します。どちらにも共通していえるのは、体重が人間とそれほど変わらないということです。つまり、**速く走ることのできる適正体重は100キロ前後と考えられる**のです。

獣脚類でいえば、体長3メートル程度の大型の「マニラプトル類」や「ダチョウ恐竜」などが当てはまります。彼らは、足の長いほっそりとした体形をしているので、実際にダチョウ並みの速度を出せたのではないでしょうか。

ティラノサウルスやアロサウルスなど、体重が数トンに達する獣脚類は、体の小さな子どものうちは俊敏だったと思われますが、成長して体重が増えるにつれて動きも鈍くなっていったようです。つまり、**体が小さく身軽な時期は優秀なハンターだったとしても、次第に動物の死体や雑食に頼る生活に変わっていった**可能性が考えられるのです。

恐竜たちの速さくらべ

さて、これまでに述べた推論をふまえて、恐竜たちの速さをくらべてみましょう。

まず、**最速のグループと思われるのが、マニラプトル類などの小型獣脚類たち**です。彼らはダチョウ並みの、少なくとも時速50キロ前後、特に走る能力に秀でた種類なら時速60キロ以上で走ることもできたでしょう。

これに続くのが、体長6メートル前後の「中型獣脚類」たちです。ティラノサウルスの若い個体もこのグループに含みます。彼らは短距離なら時速30〜40キロ前後で走ることができたと考えられます。

体長10メートルを超えるような大型の獣脚類たちは、体が重すぎて小型獣脚類のような速度は出せません。ティラノサウルスの推定値を基準にすると、最高でも時速20キロ前後と思われます。

「竜脚類」や多くの「鳥盤類」のように四足歩行していた恐竜たちは、体の構造の問題で走ることが難しかったので、獣脚類にくらべると大きく速度が落ちます。ほとんどの鳥盤類の移動速度は時速10キロ前後だったでしょう。

またトリケラトプスなどの「大型角竜類」は、前足の指は外側を向いていたことが、藤原慎一さん（名古屋大学）の研究で明らかになっています。人間が腕立て伏せの姿勢で肘を曲げたような姿勢です。この体勢では走ることなどできず、早歩きがせいぜいだったことでしょう。つまり、**ティラノサウルスは無理に走らなくとも、トリケラトプスに簡単に追いつくことができた**ことになります。

大型の竜脚類は、足跡の分析から、つねに足の3本を地面に付けた状態で、足を1本ずつ持ち上げてゆっくり移動していたと考えられています。このため、**移動速度は人間が歩くよりも遅く、時速2．5キロ程度だったと**思われます。

また、恐竜のなかでもとりわけ代謝が低く省エネ生活をおくっていた可能性が高い（理由については135ページで触れます）ステゴサウルスは、**移動速度も極めて遅く、時速1キロ程度だった**と思われます。

健康な人間は一生懸命走れば時速25キロくらいは出せるでしょう。小型〜中型の獣脚類に追いかけられてしまったらお手上げですが、それ以外の恐竜たちとの競争には、なんとか勝つことができそうです。

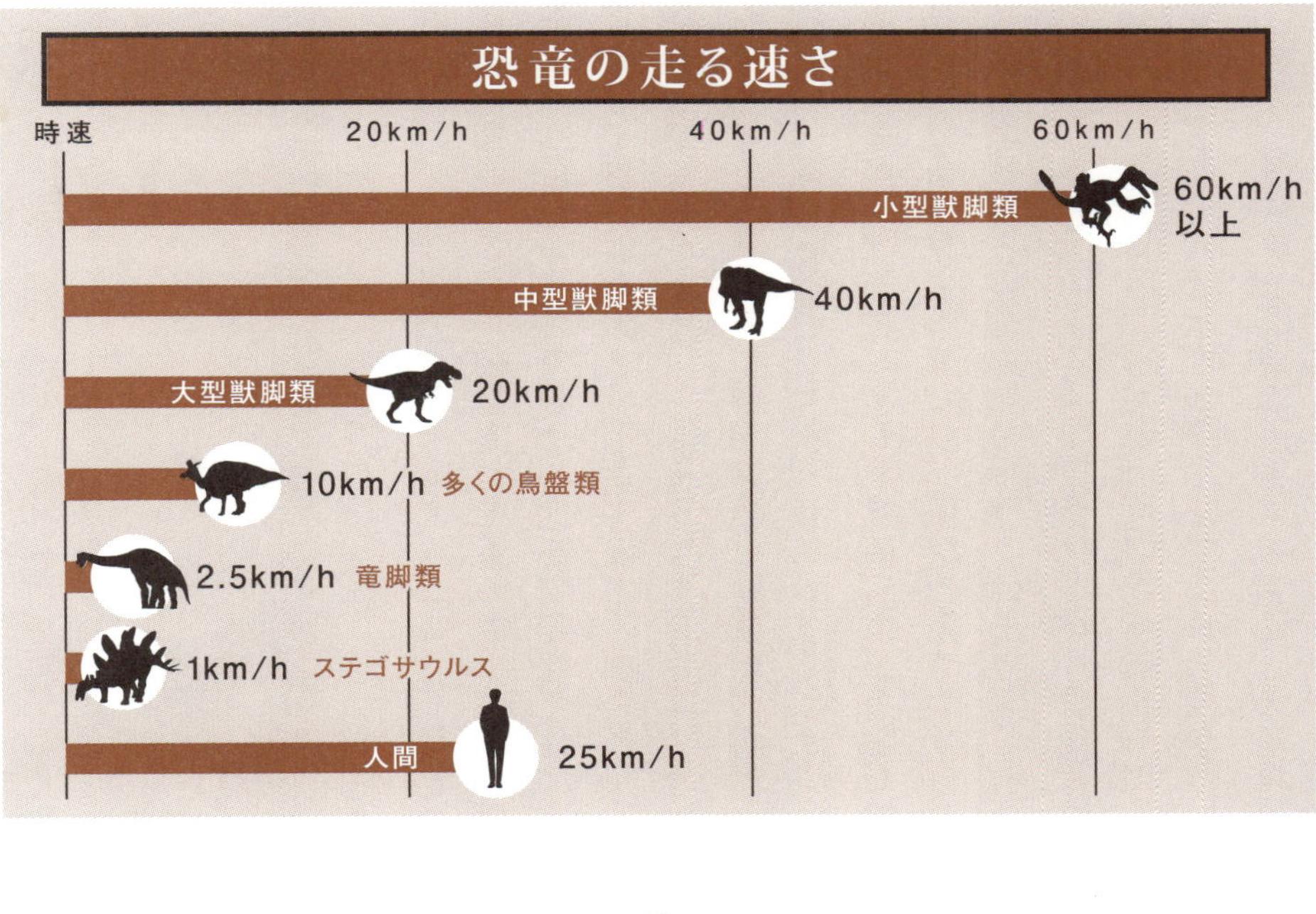

恐竜は泳げたのか？

恐竜が泳いだ痕跡

恐竜は陸上の生活に適応するように進化した生物です。恐竜が生きていた中生代という時代の海には「首長竜」や「モササウルス類」、「魚竜」など、一生のほとんどを水中で過ごす大型爬虫類が生息していましたが、これらは恐竜とは違う道のりをたどって進化した爬虫類であり、恐竜ではありません。現在のところ、**首長竜たちのように完全な水中生活をしていたと思われる恐竜は、確認されていません**。

では、恐竜たちはまったく泳ぐことができなかったのでしょうか？

この謎をとく鍵になりそうな化石が、2006年にスペインで発見されました。この化石は白亜紀前期のもので、細く尖ったもので引っかいたような12組の痕跡でした。化石が発見された場所は、当時は水深3メートルほどの水底だったことが判明しており、研究者はこの痕跡は、おそらくは**「獣脚類」と思われる恐竜が泳いだときに、後ろ足の爪で水底を引っかいたときにできたもの**だと発表しました。同じような化石は中国でも発見されており、尻尾の先でつけられたと思われる痕跡も見つかっています。

こうした情報から、「獣脚類」が泳ぐ姿を想像してみましょう。恐竜は肺呼吸をする生物ですから、鼻の穴は水面から出しておく必要があります。大型の獣脚類は現代の水鳥のように水

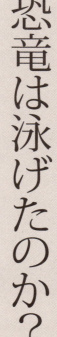

面に浮けるほど体が軽くなかったでしょうから、体のほとんどは水中に沈んだ状態で、首をもたげて頭を水面から出し、後ろ足で懸命に水をかいて泳いでいたのでしょう。

足がつく場所で水中を進むことを、はたして「泳いでいる」と言っていいものか疑問に思う人もいるかもしれません。残念ながら**完全に足がつかない深さで恐竜が泳いでいたことを示す証拠は見つかっていない**ので、今のところこれ以上のことはわかりません。

しかし、現代の動物たちを見てみると、トカゲやヘビ、ワニなどの爬虫類はだいたいが泳げますし、中型の恐竜並みに大きなクマやサイ、ゾウなどの「哺乳類」も足がつかない水深で泳げます。あまり上手ではなかったかもしれませんが、獣脚類も足がつかない水深で、ある程度は泳げた可能性が高いと思われます。

獣脚類以外の恐竜は泳げたのか

それでは、獣脚類以外の恐竜はどうだったのでしょうか？

その手がかりになりそうなのが、やはり足跡の化石です。恐竜の足跡の化石の研究から、種類によって足跡をたくさん残したものとそうでないものがいたことがわかっています。

獣脚類や「竜脚類」、また「鳥盤類」では「鳥脚類」がたくさんの足跡を残しています。これに対して、四足歩行の鳥盤類である「角竜類」や「ステゴサウルス類」、「曲竜類」のものと思われる足跡はほとんど見つかっていません。

足跡が残りやすい環境というのは、水辺の柔らかい泥や砂地の上です。そこが乾燥して固くなると、そこを歩いた動物の足跡が残った状態で保存されます。そこに良いタイミングで砂泥が降り積もると地層中に足跡が残るというわけです。このことから、**足跡をたくさん残している恐竜は、水辺の周辺を好んで生活していたと考えられます**。そのような環境に暮らす恐竜は、時には川や湖を泳ぐ必要もあったことでしょう。逆に、足跡が見つからない四足歩行の鳥盤類は、水辺に近づくこともほとんどないので、泳ぐ必要もなかったのではないでしょうか？

竜脚類に関しては、獣脚類と同じように水底につけたと思われる足跡の化石が見つかっています。しかし、足がつかなくなるほど深い場所で泳げた可能性は低いと考えられます。この理由については133ページで解説します。

鳥盤類が泳いだ痕跡とみられる化石は、現在のところ見つかっていませんが、足跡が大量に残っている鳥脚類は泳げた可能性が高いと思われます。しかし、**運動能力がそれほど高くなかったと思われる大型の剣竜類や曲竜類などは、前述のようにそもそも水辺に近づく機会もなかった**ことでしょう。

水中生活に適応した恐竜がいた？

最初に完全な水中生活をしていたと思われる恐竜は発見されていない、と述べましたが、ある程度水中での生活に適応していた恐竜がいた可能性はあります。

2017年にモンゴルで発見された、ハルシュカラプトル・エスクイリエイという恐竜は、白亜紀後期に生息していた体長80センチほどの小型獣脚類です。

この恐竜はいくつかの奇妙な身体的特徴をもっていて、研究者を驚かせました。ハルシュカラプトルの首は長く、柔軟に曲がる構造をしていました。また、前足の外側の指がとても長く、ヒレのような形になっていました。そして、何より特徴的だったのが、頭部の構造でした。頭部を詳しく調査したところ、鼻先に神経や血管が入っていたと思われる空洞が確認されたのです。**この空洞は現代のワニや水鳥などがもっている、水中の振動などを感じ取って獲物を探す役目をもつ器官の痕跡**と考えられています。

こうした特徴をもとに描かれたハルシュカラプトルの想像図は、長い尻尾をもつアヒルのような姿でした。研究者はこの恐竜がヒレのような前足を使って力強く泳ぎ、長い首を水中で動かして小動物を食べていたと主張しました。鼻先の鋭敏な感覚器官は、光の届きにくい暗い水中で獲物を探すために発達したものと考えられます。つまり、**この恐竜は川底や湖底まで潜って狩りをするために、ペンギンのような高い遊泳能力をもっていた可能性がある**のです。当時のモンゴルは砂漠の中に川や湖が点在する地域だったので、ハルシュカラプトルはこうした環境に適応した特殊な体に進化したのだと考えられています。

このほかに水中で生活した可能性が指摘されているのは、白亜紀前期に生息していたバリオニクスなどのスピノサウルス類です。この恐竜はアゴが細長く、縦方向にすじが入った海生爬虫類のような歯をもっていました。この特徴はおもに魚類を食べるワニ類や首長竜と共通で、バリオニクスは魚食だった可能性が高いとみられました。さらに、バリオニクスの化石の腹部にあたる場所から、魚の鱗と思われる化石が発見されたことも、この説の後押しとなりました。しかし、バリオニクスは体長10メートルにも達する巨体なので、浅い水場で魚を狩るだけなら泳ぐ必要はありません。あくまで水中に入って魚を捕らえることがあった、という程度にとらえておくべきでしょう。

スピノサウルスは背中に発達した帆のような「ひれ」で有名ですが、最近はワニのような体型に復元され、実際に魚を主食にして水中で生活することが多いという説が唱えられています。残念ながら、現在までに見つかっているスピノサウルスの化石はあまりに断片的で信頼のおける完全骨格は知られていません。スピノサウルスについては正確な大きさも含めて、不明なことが多すぎるというべきでしょう。

スピノサウルス

恐竜の寿命

恐竜の寿命の調べ方

恐竜たちの寿命は、どのくらいだったのでしょうか？

樹木を切ってみると、その断面には同心円状の模様が見えます。この模様は「年輪」といって、1年にひとつずつ増加していきます。じつは**現代の動物の一部や恐竜の骨の断面にも同じような模様があり、これを数えることによって年齢をある程度は確認できる**のです。

この調査によって、数種類の恐竜の年齢が明らかにされています。代表的なものをあげると、「小型獣脚類」のトロオドンで3～5年、「小型角竜類」のプシッタコサウルスで10～11年、「竜脚類」のボトリオスポンディルスで43年という記録があります。また、ティラノサウルスについては、近年まで「スー」と名付けられた個体が28年生きていて最高齢とされていましたが、２０１３年に発見された「トリックス」とよばれる個体が30年以上生きていたことがわかり、最高齢記録が更新されています。

傾向としては、小さな恐竜より大きな恐竜、肉食恐竜より植物食恐竜の方が最高齢が高くなっています。ただし、**計測された最高齢が、そのまま寿命の限界であると考えるのは早計です**。現代の爬虫類は、生きている限り成長を続ける動物ですが、寿命の半分ほど生きると成長速度が極端に遅くなり、骨に刻まれる年輪も確

認しにくくなります。これと同じことが、恐竜の骨にも起こっていたと考えられます。

ティラノサウルスのサンプルは全身に老化の痕跡が見られるので、最高齢が天寿に近いと判断しても大きな問題はなさそうですが、そうした痕跡が確認できていない恐竜は、調査結果の数倍程度の寿命だった可能性を考えたほうがよさそうです。

現代の動物でも、体が大きく代謝が低い（あまり動かない）ゾウガメが200年近く生きた記録があります。同じように**代謝が低くさらに巨大な竜脚類なら、100年以上生きたとしてもなんら不思議ではありません**。

寿命をまっとうできたのはどれくらい？

動物園で飼育されているライオンは、子どものうちに死んでしまうことはほとんどありません。しかし、野生のライオンの子どもは生後1年以内に60％以上、2年以内に80％以上が死んでしまいます。

恐竜も同じように、**怪我や病気、あるいは捕食されることで生後数年以内に多くが死んでしまったと考えられます**。残された卵の数を見ても、恐竜の子どもの死亡率は、現在の爬虫類と大差なかったと思われます。

アメリカの進化生物学者エリクソンらの研究チームは、白亜紀後期に生息した「中型獣脚類」のアルバートサウルス22体の化石を調査して、2006年に研究成果を発表しています。

それによると、アルバートサウルスは2歳までに60％が死亡し、その後13歳までの死亡率は2～7％に低下、14～23歳になると逆に死亡率が23％に上がるそうです。2歳を過ぎると死亡率が激減するのは体が成長して、ほかの捕食者に襲われることが減るためで、14歳以上に死亡率が上がるのは、繁殖に関わる争いで傷を負ったりストレスで病気になって死亡したりするためと考えられています。こうした厳しい生存競争を勝ち抜いて、本来の天寿（あるいは成熟年齢）と思われる28歳まで到達できるのは、全体のわずか2％ほどだったといいます。

獣脚類よりも産卵数が多かった竜脚類や鳥盤類は、子どものうちの死亡率がもっと高く、現在の海ガメと同程度だったと考えられます。

恐竜の子どもが立派な大人になるまで生き延びるのはたいへんなことだったのです。

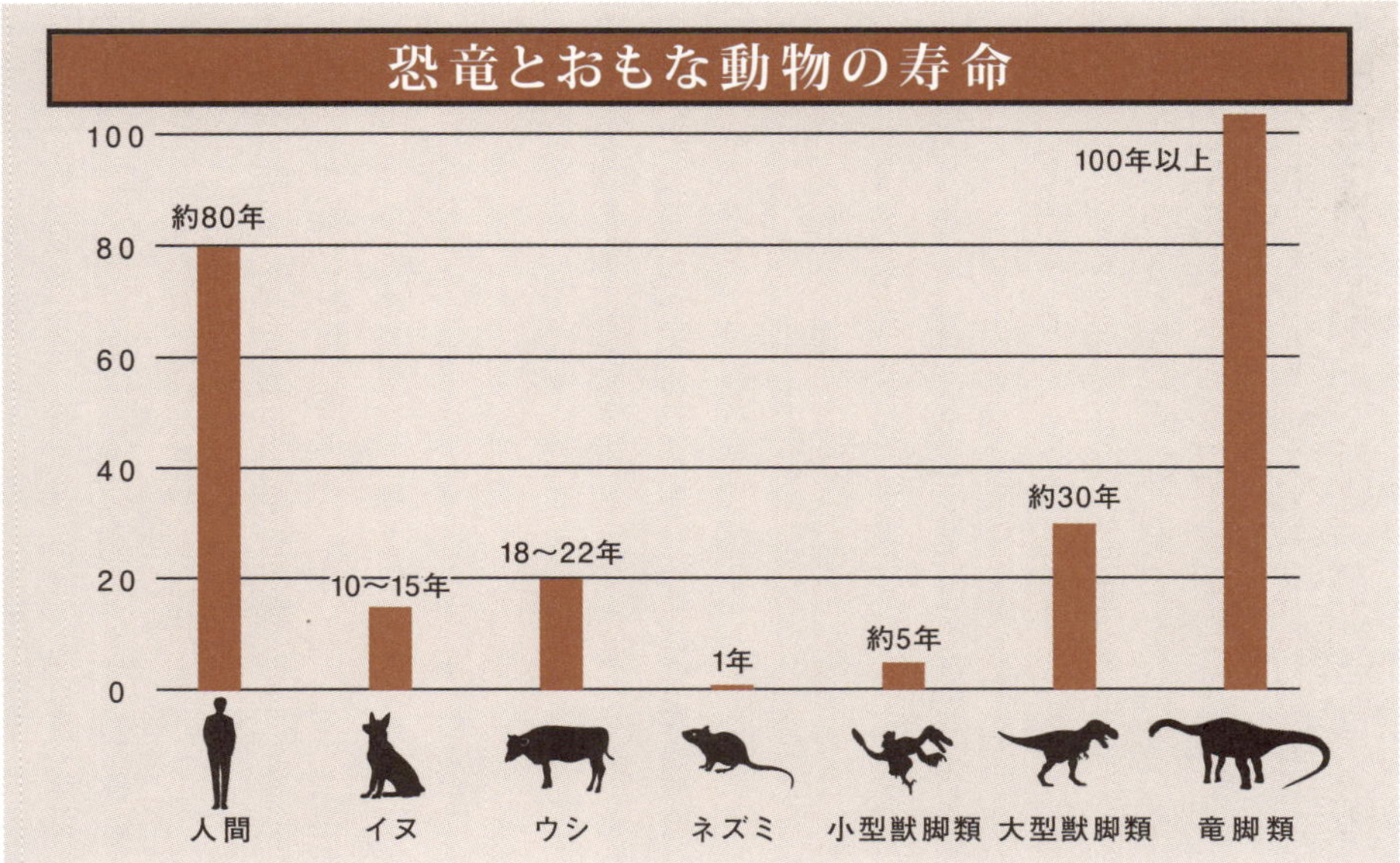

第三章

人気者たちの意外な姿

第三章　人気者たちの意外な姿

ティラノサウルス類の最新事情

日本にもティラノサウルス類がいた！

「岩手県久慈市」は、私が国内で最も精力的に発掘調査をしている場所です。

久慈市は、太平洋に面した「三陸海岸北部」に位置しており、ウニやホヤなど海の幸に恵まれています。他方で内陸には「久慈層群（くじそうぐん）」と呼ばれる中生代白亜紀の地層（約1億年前から8千万年前）があり、古来より琥珀（こはく：樹液が固まったもの）がたくさん採れることで知られています。久慈で採れた琥珀が、すでに縄文時代には関東地方まで運ばれていたことが判明しています。久慈層群の中でも「玉川層（たまがわそう）」とよばれる地層は特に琥珀が多く、しかも大きなものになると重さ数キログラムにも達します。発掘現場で最も数多く見つかる化石は琥珀なのです。

琥珀の中には、映画『ジュラシック・パーク』でもお馴染みの昆虫の化石が閉じ込められていることも珍しくありません。琥珀は、どこでも簡単に見つかるのかというと決してそうではなく、**久慈層群が日本国内でも特別な地層である**ことを示しています。**久慈層群は、古い時代の地層であるにもかかわらず、スコップでも掘れてしまうほど柔らかいことも大きな特徴**です。地層が硬い石になっていないことは、久慈の一帯が「地熱や圧力を受けるような大きな地殻変動を被っていない」ことを示しています。久慈

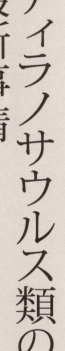

で琥珀が多く見つかることもこうした歴史と関わりがあると考えられます。

玉川層で脊椎動物の化石が初めて見つかったのは２００４年のことです。久慈市には、久慈琥珀博物館という琥珀の展示をメインとした世界的にも珍しい博物館があるのですが、当時の館長であった佐々木和久さんから「お客さんが琥珀を採掘している場所から正体不明の化石が見つかっているので見てもらいたい」と画像や化石が送られてきました。化石はカメの甲羅やワニの歯でしたが、時代を考えると恐竜の化石が見つかるのも時間の問題だと思いました。

そして、２００８年９月には、同じく佐々木さんが小型の恐竜（鳥盤類）の腰の骨の一部（坐骨）を発見したのです。２０１２年３月からは、私が隊長となって学生や有志を募り、年２回の発掘調査を実施するようになりました。２０１９年３月まで総計15回、延べ１００日ほどの調査で約１７００点の脊椎動物化石を採集しています。発掘現場の近くにある琥珀採掘体験場から見つかったものも合わせると、**これまでに合計１９００点近くの脊椎動物化石を確認**しています。

その内訳は、カメやワニ、サメ、翼竜、それに恐竜など20種類にもなります。つまり、ここでは今から９千万年前の生態系の多くが残されているのです。ただし、玉川層で見つかる化石の大半は、骨や歯など体のごく一部がバラバラに散らばった状態で出てきます。そんな小さな化石からなぜ種類を特定できるのかと思われるでしょうが、種類によって骨や歯の特徴が異なるので、それを覚えておけば、部分的な化石からも動物の種類を絞り込むことが可能になるのです。２０１８年６月24日に、宮古市の高校生である門口裕基さんが久慈市の琥珀採掘体験場で見つけた化石も、人間の小指の爪ほどの大きさ（高さ９ミリ）しかない小さなものでした。よく現場で化石に気が付いたものだと感心するしかありません。

この化石は、７月になって久慈琥珀博物館の滝沢利夫さんからお預かりして、肉食恐竜の研究がご専門の對比地孝亘さん（国立科学博物館研究主幹）にも確認して**ティラノサウルス類の「前上顎骨歯」という特殊な歯であることが判明**しました。というのも、**歯の断面がアルファベットのD字型をしているのですが、これは恐竜の中でもティラノサウルス類の前上顎骨に生えている歯にしか見られない特徴**だからです。見つかった歯は上下とも壊れていましたが、完全であれば高さ5センチほどはあったものと思われます。体長は少なくとも3メートルはあったと推定されます。ティラノサウルス類としては非常に小型の種類ですが、もともと小さいタイプなのか、成長途上の若い個体なのかは不明です。肉食恐竜の多くは、歯の縁に「鋸歯（きょし）」とよばれるノコギリの歯のような細かい凹凸が発達するのが普通ですが、久慈で見つかった歯に鋸歯はありませんでした。

確実なティラノサウルス類が初めて日本の白亜紀後期から見つかったわけですが、さてこの重要な発見をどこから発信するかを関係者と協議したところ、「東京で発表したほうがいいのではないか」ということになりました。元号が変わることもあり、平成の最後の月である２０１９年４月19日に私が勤務する早稲田大学で記者発表するという運びになったわけです。これほど小さな化石でどこまで反響があるのか不安もあったのですが、主要なテレビや新聞各社から50名を超える報道陣が会見場に集まり、熱気に包まれました。発見者の門口さんも日帰りで記者会見場に来てくれて大いに盛り上がりました。当日のＴＶニュースや翌日の新聞報道をご覧になった方もいらっしゃると思いますが、そのために周到な準備を半年以上かけていたというわけです。私が懇意にしている画家の小田隆さん（大阪芸術大学）が描かれたティラノサウルス類の復元画も素晴らしかったです。2メートル近いパネルに拡大した復元画は、取材に訪れた記者のみなさんにも強いインパクトがあったことと思います。

ティラノサウルスのさまざまな秘密

ティラノサウルス類の進化の秘密

ティラノサウルス類についてさらに詳しく見ていきましょう。ティラノサウルス類というのは、肉食恐竜である「獣脚類」の1グループであり、「上科」という分類単位に相当します。ティラノサウルス類の中に、「ティラノサウルス科」や、より原始的な「プロトケラトサウルス科」があり、有名なティラノサウルス（あるいはTレックス）はティラノサウルス科に属しています。ジュラ紀から白亜紀末までほぼ1億年のあいだに、これまで30種類以上のティラノサウルス類が北半球から報告されています。これは**肉食恐竜のグループの中でも目立って多く、ティラノサウルス類が長期間にわたって繁栄していた**ことを物語っています。

体長13メートルのティラノサウルスは史上最大級の肉食恐竜として知られていますが、ジュラ紀から白亜紀前期のティラノサウルス類はグアンロン（中国・ジュラ紀後期）やディロング（中国・白亜紀前期）など体長数メートルの種類がほとんどでした。それが白亜紀後期になるとティラノサウルス（北米産）やタルボサウルスのように体長10メートルを超える大型種に進化するのです。

すでに多くの種類が知られているティラノサウルス類ですが、1億年前から8千万年前にかけての白亜紀後期前半は化石記録が乏しいので

す。2019年になって、北米の約9500万年前から9200万年前にかけての地層からモロスやサスキティラヌスという新種のティラノサウルス類が報告されましたが、化石の保存は非常に不完全であり、大型化や前足の縮小などティラノサウルス類の進化の解明にはまだ多くの化石の発見が必要です。「玉川層（9千万年前）」は、ちょうどこの空白を埋める年代であり、今後の発見が大いに期待されるわけです。

ティラノサウルスの前肢の秘密

ティラノサウルスの前肢がとても小さく、指も2本しかないことはよく知られていますが、これは何の役に立ったのでしょうか？　指が口に届かないので、食事の助けにならなかったことは確かです。寝そべっていたティラノサウルスが地面から体を起こす際の助けになったという説もありますが、人間が指で体を支えるようなもので物理的に無理な話だと思います。

ヒントになるのが、ダチョウやキウィなど空を飛べなくなった鳥類の仲間です。彼らは空を飛ばなくなったので前肢はとても小さくなっていますが、ダチョウには飾りのような羽毛が付いていて、あるいはキウィのように先端に爪が発達しています。繁殖期になるとオスがメスにアピールしたりするときに、前肢の飾りや爪が役に立つのです。

ティラノサウルスにも小さな腕に羽毛の飾りが付いていていて、異性へのアピールに役立ったのではないでしょうか？　ほかの機能があったとは、私には思えないのです。

ジュラ紀や白亜紀前期の原始的なティラノサウルス類は前肢が大きく、指も3本あるので、食事の際にも役立ったように見えます。ティラノサウルスは頭部が非常に大きく重いので、重心のバランスを取るために前肢を小さく軽くしたのではないかという解釈があります。このような進化は、玉川層の時代でもある白亜紀後期の初めに起きたのではないかと思われますが、化石の発見が待たれます。

ティラノサウルスの食べ物の秘密

ティラノサウルス類は、獣脚類の中でも非常に種類が多い、つまり多様性が大きいのですが、じつは見つかる化石の数も場所によっては非常に多いのです。２０１４年３月に福井県立大学で開催された国際シンポジウムに、恐竜研究の大家であるフィル・カリー博士が来日し、モンゴルの白亜紀から見つかる恐竜について興味深い発表をされました。カリー博士は、モンゴルの白亜紀後期で最も多く見つかる恐竜はタルボサウルスであり、恐竜全体の半分以上を占めているというのです。タルボサウルスはティラノサウルスと非常に近縁で見た目もそっくりです。わずかに大きさが小さい（ティラノサウルスは全長13メートル、タルボサウルスは最大で12メートル）くらいで、属名は同じティラノサウルスでいいのではないかと私は思うほどです。タルボサウルスの歯は鋭く尖っており、ティラノサウルスもそうですが、典型的な肉食動物のように見えます。ところが、もしタルボサウルスが純粋な肉食動物であるとすると、なぜ餌であったほかの恐竜（たとえば植物食のサウロロフス）よりずっと化石が多く見つかるのでしょうか？　この点が非常に不思議だったので、林原自然史博物館に勤め、モンゴルでの発掘調査を20年間してこられた渡部真人さんに確認したところ、たしかにタルボサウルスの化石はモンゴルのどこでも多いということでした。また、恐竜研究の第一人者である小林快次さん（北海道大学）が、タルボサウルスの化石で、胃のあたりに砂を飲み込んだものが見つかっているという発表をされています。

以上のことは何を物語っているのでしょうか。

私が思うに、**タルボサウルスは純粋な肉食動物ではなく、しばしば植物も食べるクマのような雑食の動物だった**のではないかということです。それであれば、モンゴルでタルボサウルスの化石がたくさん見つかることをうまく説明できるのではないでしょうか。そして、もしそうであるなら、タルボサウルスと見た目がそっくりのティラノサウルスはどうなのでしょう？

タルボサウルスほどではなくとも、ティラノサウルスの化石も不完全なものを含めればかなり多いようですので、雑食だった可能性はあると思います。そもそも**ティラノサウルス類の前歯が特殊な形をしているのは、雑食のための適応だった可能性**が考えられるのです。ティラノサウルス類の前歯は断面が分厚く頑丈な造りになっていました。つまり肉を切り裂くというより、硬いものでも食べられるような構造です。前歯の先端が磨り減ったものも見つかっていますが、これは植物を食べる動物の特徴ともいえます。**ティラノサウルス類の多様性が大きかったのは、雑食の傾向が強く、さまざまな食物を食べることができたということの生物学的成功だった**と言えそうです。肉食動物でもクマの体は特に大きいのですが、ティラノサウルス類が大型化したことも、こうした雑食の生態と関連していた可能性があります。

ティラノサウルスの目の秘密

ティラノサウルスは目が前を向いているので、両目でしっかりピントを合わせる（両眼視）ことができ、狩りの際に役立ったという説明が流布しています。しかし、これはおかしな話です。現在の動物で両眼視ができるのは、人間を含めたサルの仲間（霊長類）やネコ科の食肉類、また鳥類ではフクロウなどですが、いずれも両目が顔の前面に付いていて、視界前方の妨げになる構造物はありません。ところがティラノサウルスの目は、頭部の後方にあるので、視界の前方は大きく遮られてしまいます。つまり、ティラノサウルスが両眼視を効果的に行うのは物理的に不可能なのです。なぜこのような奇妙な説が広まったのか。両眼視のおかげでティラノサウルスは優れたハンターだったという幻想的な「盛り付け」があったからではないかと考えています。

ティラノサウルス類をめぐる謎はまだまだ多いと言えるでしょう。

ティラノサウルスは最強たりうるか？

異なる時代・地域の王者たち

「史上最強の肉食恐竜はどれなのか？」

恐竜が好きな人は、一度はこんな疑問をもったことがあるのではないでしょうか。もっとも、こういった疑問が科学的かといえば答えはノーです（笑）。

現在の肉食動物であるライオンやトラなどでさえ、最強を決めるのは簡単ではないですし、そもそも「強さ」の基準が何かということが問題です。**肉食動物は、あくまで日々の食料を得るために獲物を探して倒しているのであって、強さを競っているわけではない**のです。

それはともかく、ここは童心に帰って最強の肉食恐竜について考察してみましょう。まず、「強さ」の基準を決めておきましょう。格闘技や重量挙げでは、競技者の体重別に階級が分けられるのが普通です。これは、技術や経験が同等であれば、体格や体重で上回る競技者が有利であることが明白なため、不公平な競技にならないように体重制限を設けているのです。

私は学生時代にアマチュアレスリングをしていたのですが、普段の体重が5キロも違う相手と練習するとパワーの差を実感するのがつねであり、体重別に細かく階級が分けられていることに納得したものです。ただし、体重90キロ前後からいわゆる無差別のヘビー級となることが一般的です。ヘビー級になると、単純に体重が

重くて体格が大きい競技者が絶対に有利とはいえないことは、大相撲の対戦からも実感できます。なお恐竜の場合は、体重はあくまで推定値であって、数値にはかなり誤差がふくまれることを念頭に置く必要があります。

また、競技の「ルール」を決めておくことが重要です。異種格闘技などと謳って、出身の異なる格闘技経験者を戦わせるイベントを見かけますが、あまり盛り上がらないのは、競技のルールが明確でないからです。異種球技などと称して、野球やゴルフ、サッカー、テニスの選手らの「最強球技」を決めることができないように、公平なルールを決められない限り、まともなスポーツとして成立しないことは明白です。

肉食恐竜の場合、使用できる武器や技術は限られていたので競技ルールの心配はなさそうです。まずは歯と噛む強さです。後ろ足で踏みつけたり、前足の爪で掴むことも効果的でしょう。さらに長い尾で相手を叩くことも可能だと思われます。動くスピードも重要です。相手の背後に回りこむほどのスピード差があれば、体格の不利を補えます。状況判断のできる頭脳に関しては、脳の大きさから判断する限り、肉食恐竜のあいだで大差はなかったと思われます。

ざっくり考えるなら、ティラノサウルスが最強の肉食恐竜であると答える人は多いでしょう。**ティラノサウルスは数ある肉食恐竜のなかで史上最大級の体格を誇り、強大なアゴと長く太い牙をもっています。白亜紀末の北アメリカでは、間違いなく生態系の頂点に立つ存在でした。**そして何より知名度が抜群です。あまり恐竜に詳しくないという方でも、ティラノサウルス（あるいはTレックス）の名前を知らないという人に会ったことがありません。私も子どものころに初めて覚えた恐竜の名前の1つでした。ティラノサウルスの明らかな弱点は前足が短く小さいことですので、ボクシングや柔道のルールで勝負しなければたしかに強そうです。

しかし、約1億6000万年も続いた恐竜の時代には、ほかにも魅力的な肉食恐竜が数多く生息していました。ここで、地質時代や生息域の異なる大型肉食恐竜に目を向けてみましょう。

大型肉食恐竜の強さ

まずは、ティラノサウルスにも劣らない知名度をもつアロサウルスです。アロサウルスはジュラ紀後期（約1億5000万年前）の北アメリカに生息していました。

アロサウルスとティラノサウルスを比較してみましょう。アロサウルスの体長は8．5メートル、体重は1．7トンほどといわれています。断片的な化石に基づくと、体長12メートル、体重4トンと推定される個体もいたようです。ティラノサウルスは、体長13メートル、体重は6トンと推定されています。両者の体格差が大きく、アロサウルスはティラノサウルスにくらべると細身で、頭骨の幅も半分ほどしかありません。アロサウルスは、ティラノサウルスよりも身軽に素早く動くことはできたでしょうが、体力や噛む力ではティラノサウルスに遠く及ばないでしょう。アロサウルスに有利な点は、前足が大きく、接近戦では有効な武器になりえたことぐらいでしょうか？　**アロサウルスに勝機があるとすれば、ティラノサウルスの背後に回りこむほどのスピードがあったかどうか**、ということですね。

それでは、ティラノサウルスと同じくらいのサイズの肉食恐竜であればどうなるでしょうか。

この条件に該当する肉食恐竜としては、ティラノティタンとギガノトサウルスの名前が挙げられます。ティラノティタンは白亜紀前期、ギガノトサウルスは白亜紀後期の南米大陸に生息していた恐竜です。ティラノティタンが体長11～13メートルで体重5～7トン、ギガノトサウルスが体長13メートルで体重6．5トンと推定されていますが、ティラノサウルスほどの完全な骨格は知られていません。また、アフリカの白亜紀後期から知られるカルカロドントサウルスもギガノトサウルスと同じぐらいの大きさであったと推定されています。

いずれもティラノサウルスよりわずかに大きいのですが、体は細身で頭骨の幅もティラノサウルスより狭いという特徴があります。これは、**噛む破壊力においてはティラノティタンやギガノトサウルス、あるいはカルカロドントサウルスを、ティラノサウルスが上回っている**ことを示しています。また、ティラノティタン、ギガノトサウルスやカルカロドントサウルスの歯は、薄いナイフあるいは包丁のような形状で肉を薄く切り裂くのに向いていましたが、これはアロサウルスも同じでした。

これに対して、**ティラノサウルスの歯はバナナのように太く獲物の骨まで噛み砕くことができたと考えられています**。もし彼らが正面衝突したら、最初のひと噛みで致命的な傷を与えたのはティラノサウルスだったのではないでしょうか。ただし、前足はティラノサウルスよりも長く発達していたので、接近戦での有効な武器になりえたと思われます。

違う強さをもつようになった理由

こうした白亜紀の大型肉食恐竜の相違は、彼らが獲物にしていた恐竜たちの違いを反映していたことも事実です。

南米やアフリカ、オーストラリアなど南半球のゴンドワナ大陸では、白亜紀末に至るまでアルゼンチノサウルスなどの巨大な「竜脚類」が圧倒的に多く、ジュラ紀とさほど変わらない光景でした。したがって、ギガノトサウルスやカルカロドントサウルスは、ジュラ紀のアロサウルスの拡大版のような肉食恐竜だったというわけです。

これに対して、ティラノサウルス類は北半球で栄えた肉食恐竜であり、白亜紀には「鳥脚類」や「角竜類」、「曲竜類」など多種多様な「鳥盤類」が主要な獲物になっていたと思われます。竜脚類は北半球では非常に少なくなっていました。

大人の竜脚類は狙って倒すにはあまりに大き

いので、ギガノトサウルスやカルカロドントサウルスなどのゴンドワナ大陸の肉食恐竜は、子どもを襲ったり、あるいは体力が落ちて倒れてしまった個体から、ナイフのような薄い歯で肉を切り取って食べていたのではないかと思います。竜脚類の骨格は食べるには大きすぎて、そのまま放置されることが多かったのではないでしょうか？　また**竜脚類の骨の多くは内部が空洞だらけなので、食べてもほとんど栄養にならなかった**ことでしょう。

ティラノサウルスの場合は前にも述べたように、もともと雑食の傾向が強かった可能性があります。また竜脚類のような巨大恐竜はほとんどおらず、残された骨は手頃な大きさだったので、バナナのような歯で噛み砕いて食べることが可能だったと思われます。

実際にあった同種の恐竜の争い

生きていた時代や地域の異なる肉食恐竜が戦って強さを競うことは、しょせん空想の世界にすぎませんが、同種の恐竜同士が激しい戦いを繰り広げていた痕跡が、実際に化石に残されています。

ティラノサウルスなど、大型獣脚類の骨格を調べてみると、体のあちこちに噛まれたり、骨折し、それが治った跡が見つかるのです。

大型の肉食動物は獲物を確保するため、広い面積のテリトリー（縄張り）を確保する必要があります。縄張りに同種のよそ者が侵入してくれば、力づくでも追い出さなくてはなりません。あるいは、獲物の肉や骨をめぐって、それこそ骨肉の争いが起きることもしょっちゅうです。

より深刻なのは、繁殖期に見られるオス同士の戦いだったかもしれません。最大最強の肉食恐竜といえども、その地位は決して安泰ではなかったのです。

第三章　人気者たちの意外な姿

史上最大の肉食恐竜スピノサウルスの実態

スピノサウルスVSティラノサウルス

　ティラノサウルスに大きさや体力で対抗できる肉食恐竜はいないのでしょうか？

　白亜紀半ばのアフリカに生息していたスピノサウルスは、体の大きさならティラノサウルスを上回るとされる肉食恐竜です。体長は最大15メートル、体はやや細身なので体重は4〜6トンほどと推定されていますが、いずれも断片的な骨格からの推定値ですので、誤差はかなり大きいと思われます。背中に高さ1．8メートルにもなるトゲ状の突起があるのが外見上の大きな特徴で、生きているときは「皮膜」で覆われた「帆」のような背びれになっていたと考えられています。このような背中の帆は、ほかの爬虫類でも発達することがありましたが、おそらく同種内での性的アピールに役立ったのではないでしょうか？

　スピノサウルスの最初の化石は1912年にエジプトで発見され、ドイツのミュンヘン大学に移送されましたが、第二次世界大戦の空襲によってすべて焼失してしまいました。21世紀になって、同じ北アフリカのモロッコからようやく新たな化石が見つかるようになりました。

　一躍その名が知られるようになったのは、2001年公開の映画『ジュラシック・パークⅢ』の影響が大きいでしょう。この映画でスピノサウルスは、ティラノサウルスと激しい戦い

の末に勝利をおさめ、存在感を見せつけています。しかし、これはあくまで映画の世界のお話しです。専門家の見解はどうでしょうか？

イタリアの古生物学者クリスティアーノ・ダル・サッソは、「恐竜博２０１６」の開催のために来日した際に、もしスピノサウルスとティラノサウルスが戦ったら、スピノサウルスが敗れると語っています。その理由は、両者のアゴの力の差にあります。スピノサウルスのアゴは、ティラノサウルスのように強い力で噛むことができるようながっしりした構造ではありません。ひと噛みで骨まで噛み砕くティラノサウルスと戦うには、いささか分が悪いのでしょう。**スピノサウルスに有利な点といえば、大きな爪がついた長い前足**です。ティラノサウルスに噛みつかれる前にこれを有効に使うことができれば、一矢報いることは可能だったかもしれません。

水中生活に適応したスピノサウルス像の誕生

前項で少し触れましたが、スピノサウルスは最初に発見された化石が戦争で失われて以来、なかなか新しい資料が発見されず、今世紀に入ってからようやく本格的な研究が再開された恐竜です。

１９１５年に報告されてから、スピノサウルスは多くの獣脚類と同じように後ろ足と尻尾で体を支えて直立姿勢をとる恐竜と考えられていました。21世紀になって、スピノサウルスの骨格は地面に対して背骨を水平方向に維持して二足歩行を行う、現代的な獣脚類のものへと変化します。また、頭骨の形や歯の特徴から、おもに魚類を獲物にした肉食恐竜だという推測もなされていました。

しかし、２０１４年、こうした従来の想像図とは大きく異なる、新しいスピノサウルス像が古生物学者ニザール・イブラヒムによって発表されました。きっかけとなったのは、２０１３年にモロッコで発掘された化石でした。これを詳しく研究したところ、これまでに知られていなかったスピノサウルスの新たな特徴がいくつも判明したのです。

新しいスピノサウルスの復元骨格は、従来より首と胴体が長くなっており、前足はより大きく、逆に後ろ足は小さくなっていました。これにより**体の重心は一般的な獣脚類よりも前寄りで、地上では前足も使って四足歩行していたと推測**されました。

また、ＣＴを活用した調査によってスピノサウルスの鼻先には無数の小さな空洞があることが判明していました。この空洞は神経や血管が入っていた痕跡で、**スピノサウルスは現代のワニと同じように、水中の微細な動きを感じ取る感覚器官をもっていたと考えられました**。

こうした特徴を考慮した結果、スピノサウルスは後ろ足と尻尾を使って水中を巧みに泳ぎ、鼻先の感覚器官で魚を探して獲物にする、水中生活に適応した恐竜であるという説が提唱されたのです。スピノサウルスの化石が発見された地層からは、さまざまな魚類やワニ、カメや両生類など水生動物の化石が多数見つかっていることから、当時は現在のナイル川のような河川だったとされています。

本当に泳ぎが得意だったのか？

ところが２０１８年になり、カナダの博物館研究員であるドン・ヘンダーソンらの研究グループによる論文が、スピノサウルスが水中生活をしていたという仮説について問題点をいくつか指摘しました。

研究グループは、２０１４年にイブラヒムが復元した骨格をもとに、コンピュータ上で３Ｄモデルを制作し、さまざまな検証を行いました。その結果、スピノサウルスは体の浮力が高いため水に沈みにくく、たとえ肺の中の空気の75パーセントをはき出したとしても、潜水するのは難しかったという結論に達しました。首を水中につっこんで獲物の魚類を探すことはできても、獲物を追いかけて水中に潜ることはできなかったようなのです。

また、研究グループはスピノサウルスの胴体の断面モデルを作り、それを水面に浮かべて20度傾けるという検証も行いました。すると、スピノサウルスの胴体は完全に横倒しになってしまい、自然にもとの姿勢に戻ることはありませんでした。

現代の代表的なワニであるアメリカアリゲーターの胴体モデルでも同様の検証を行ったところ、アリゲーターの胴体は左右に揺れながら最終的にはもとの姿勢に戻りました。ワニに限らず、ウミガメやアザラシなどの水中生活をする動物は、力を抜いた状態でも自然に背中が上、腹が下になる姿勢を保持できるようになっているのです。

しかし、スピノサウルスは力を抜いていると体が傾いてしまうため、つねに手足で水をかいてバランスをとらなければいけません。これは水中生活をする動物としては、非常に効率が悪く不自然なことです。

こうした調査結果をもとに、スピノサウルスはあまり泳ぎが上手くなかったと結論づけられたのです。

スピノサウルスは水中の獲物を狩ることに適した口や感覚器官をもっているので、魚類を好んで食べたという可能性は高いでしょう。ですが、泳いで獲物を追いかけたのではなく、浅瀬を歩き回りながら獲物を探していたのではないでしょうか。論文を発表したヘンダーソンは、スピノサウルスを「川に入って魚をとって食べる現代のハイイログマのような動物だったのではないか」と想像しています。

獣脚類に詳しいトム・ホルツは、スピノサウルスの体形が遊泳や潜水に適していないという説を評価したうえで、スピノサウルスは半水生生活に適応し始めた段階にある生物ではないか、という推論を語っています。

新たな研究によって、想像図が二転三転していくことは、古生物学の世界ではよくあることです。スピノサウルスの場合、これまでの学説がひっくり返ることが今後も予想されます。いずれにせよ、スピノサウルスに関する本格的な研究が始まってから、たかだか20年ほどしか経っていないのです。**スピノサウルスの実像に迫るには、まだまだ多くの化石の発見と調査が必要なことは明らか**です。

スピノサウルスとティラノサウルスの比較

スピノサウルス

あまりカーブのない、円筒形の歯をもつ。アゴは細長く、魚食性の特徴を示している。

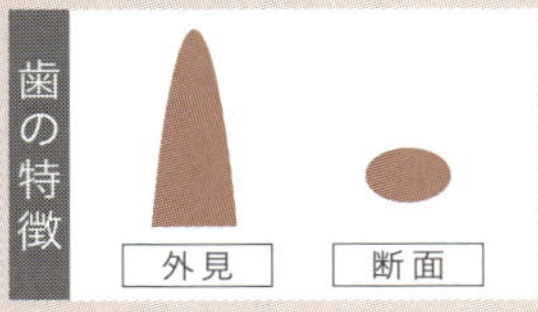

ティラノサウルス

歯は太く、断面は楕円形で大きくカーブしている。アゴの幅が広く、噛む力がとても強かった。

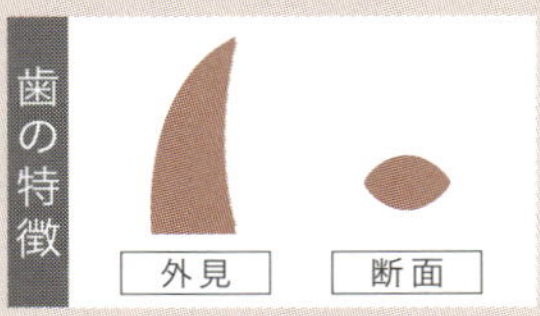

スピノサウルスが泳ぎが苦手と考えられる理由

アリゲーターの胴体の断面は円形に近い楕円形で、水に浮かべても安定している。スピノサウルスの胴体の断面は縦に長い楕円形で、水に浮かべると横倒しになりやすく、手足を動かしてバランスを保つ必要がある。

バリオニクス

そもそもスピノサウルスが水中生活をしていたという説は、近縁種のバリオニクスの化石研究から推測されたものにすぎない

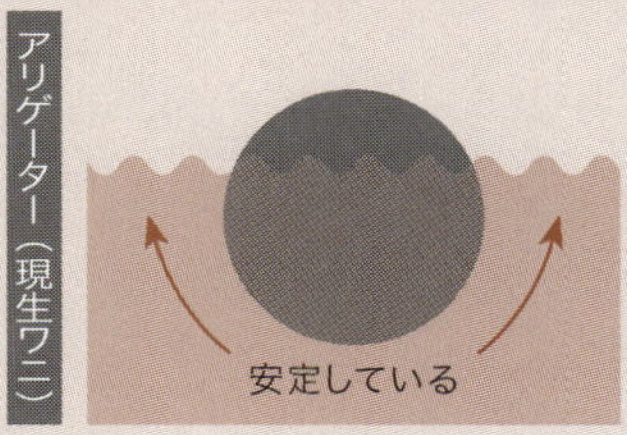

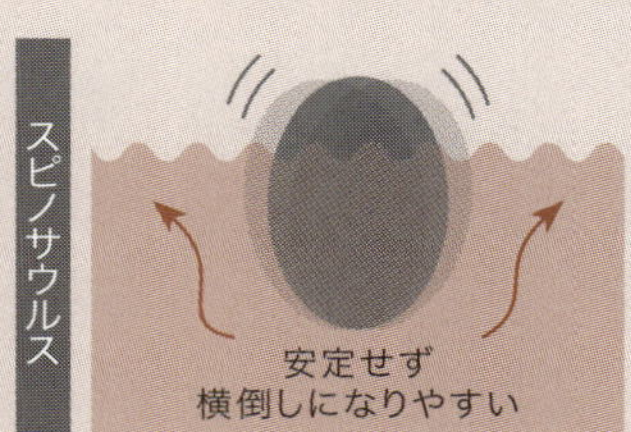

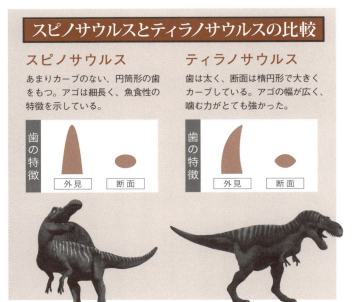

本当に恐ろしい恐竜とは？

ティラノサウルスから逃げ切れるか

実際にはありえない話ですが、もし映画や小説のように現代人が恐竜時代にタイムスリップしてしまったら、もしくは科学の力で現代に恐竜を蘇らせてしまったら、人間にとって最も恐ろしい恐竜はなんでしょうか？

多くの人は、ティラノサウルスを最も恐ろしいと感じるかもしれません。１０３ページで少し触れましたが、**大人のティラノサウルスは恐らく史上最強の肉食恐竜**です。暴れだしたら武器をもたない人間にはどうすることもできないでしょう。

しかし、大人のティラノサウルスは巨大な体を維持するために、普段は代謝を抑えてあまり動かない生活をおくっており、食事はせいぜい数日に１回で十分だったと考えられています。つまり、**いつも腹を空かせていて、出会ったらすぐに襲ってくるような恐竜ではない**のです。また、体が重いので走る速さもそれほど速くはなく、最高でも時速20キロ程度だったと思われます。これなら、人間の脚力でも逃げきることができるでしょう。

「ラプトル」の恐ろしさ

人間にとってもっと恐ろしいのは、大人のティラノサウルスのような「大型獣脚類」ではなく、「小型獣脚類」たちです。なかでも、と

くに**ドロマエオサウルス類といわれるグループには、現代のライオンに匹敵するような、恐るべきハンターたちが属しています**。

ドロマエオサウルス類でよく知られている恐竜には、デイノニクスがいます。デイノニクスは白亜紀前期に生息していた、体長2．5〜4メートルほどの恐竜です。体は細身で後ろ足が長く、時速50キロ程度で走ることができたとされています。また、後ろ足の第二指には、長さが15センチもあるナイフのようなかぎ爪があります。狩りのときにはこの爪を突き刺して獲物を仕留めたと考えられていますが、このかぎ爪の威力について懐疑的な意見もあります。

また、複数の化石がまとまって発見されたことから、群れを作っていた可能性が高いとされましたが、これも確定的ではなく、まして群れで狩りをしていたと断ずることはできません。

だとしても、時速50キロで追いかけてくる肉食恐竜から、人間が逃げ切ることは不可能に近いでしょう。人類最速を誇る100メートル走の陸上選手でも、最高時速は40キロに届かないのです。**デイノニクスのような小型の獣脚類は、運動能力が優れている分、頻繁にエネルギーを補給する必要がありました**。つまり、空腹のことが多いので、出会ったら襲ってくる可能性も高いことになります。

映画『ジュラシック・パーク』シリーズに登場する「ラプトル」という恐竜は、デイノニクスの拡大版がモデルといわれています。作中でラプトルは、狂暴で知能が高い、人間を襲う狡猾なハンターとして描かれ、人間たちを恐怖に陥れています。**映画で描かれているデイノニクス（ラプトル）の恐ろしさは、決して誇張されたものではない**のです。映画で間違っているのは、デイノニクスが羽毛の生えた恐竜として描かれていないことですね。羽毛は「恐ろしさ」を和らげる効果があると思われているようですが、なんとか訂正してもらいたいものです。

おそらく若くて体長数メートルの成長途上のティラノサウルスも同じくらい活発で恐ろしい

ハンターであった可能性があります。早く大人になってほしいものですね。

毒をもつ恐竜はいたのか？

『ジュラシック・パーク』シリーズの話題からもうひとつ。映画にはディロフォサウルスという恐竜が登場し、口から毒を吐きかけてくるシーンがあります。このように毒をもつ恐竜は本当にいたのでしょうか？

まず、ディロフォサウルスという恐竜について解説しましょう。ディロフォサウルスはジュラ紀前期（約1億9000万年前）に生息した、体長5～7メートルの「中型獣脚類」です。アゴの幅は狭く、あまり反りのないまっすぐな歯をもち、魚類や小型の爬虫類などを食べていたと考えられています。残念ながら、化石からは現代の毒蛇に見られるような、毒をもつ動物特有の痕跡は見つかっていません。映画のディロフォサウルスが毒を吐くのは、作品を面白くするためのフェイクなのです。

それでは、面白くするための脚色ではなく、本当に毒をもっていた可能性がある恐竜はいなかったのでしょうか？

じつは2009年に、アメリカのカンサス大学らの研究グループが、毒牙をもっていた可能性がある恐竜について調査した結果を発表しています。

この恐竜は、中国の遼寧省で発見されたシノルニトサウルスという小型獣脚類です。研究グループはシノルニトサウルスの頭骨を分析して、上アゴにある小さな空洞を発見しました。また、上アゴの中ほどに生えている長い歯には、縦方向の溝があったことも判明しました。

これらの特徴は、「後牙類」とよばれるグループの毒蛇にも見られるものです。**後牙類の毒蛇は毒牙を獲物の体に突き刺し、牙の表面に刻まれている溝を通して傷口に毒を流し込みます。日本のヤマカガシという蛇が、代表的な後牙類です。**

シノルニトサウルスの上アゴにある空洞は、

「毒腺（毒液を分泌する器官）」があった場所と考えられています。ここで作られた毒液が「毒管」を通って歯の根元まで運ばれ、歯の溝を伝って獲物の体に注入されたのでしょうか。

後牙類の毒蛇は、一般的に獲物を短時間で殺すような強力な毒をもっていません。シノルニトサウルスの毒も同様に、獲物の体を麻痺させる程度の効力だったと考えられています。

シノルニトサウルスは体長30センチほどの超小型の獣脚類だったので、獲物は小型哺乳類や鳥類であったと考えられます。こうしたすばしこい獲物が相手でも、わずかでも毒を注入すれば動きが鈍るわけですから、毒をもつようになってもおかしくはないわけです。

コウモリのような恐竜

「恐い」とは方向性が違いますが、シノルニトサウルスのような小型の獣脚類つながりで、新しい恐竜のお話をしましょう。

「スカンソリオプテリクス類（科）」というひどく変わった小型の獣脚類が、中国遼寧省および内モンゴルのジュラ紀から報告されています。スカンソリオプテリクス、イー、エピシドプテリクス、アンボプテリクスの4属が知られており、**いずれも21世紀になって報告された新しい恐竜のグループ**です。

大きさは、最大でもカラスほどしかありませんでした。「マニラプトル類」の仲間ですが、前肢の中指が異常に長く伸びて、指のあいだに皮膜が発達しており、まるでコウモリのような姿の恐竜でした。しかし、翼を羽ばたかせるというより、**ムササビのように木のあいだを滑空したのではないかと考えられています**。

頭部は丸みを帯びていて、昆虫などの小動物を主食にしていたのかもしれません。マニラプトル類の恐竜のなかでも、あまり成功することなく消えてしまった実験的なグループだったと考えられます。

本当に恐ろしいハンターとは

デイノニクス

小柄だが敏捷で、後ろ足には大きなかぎ爪という強力な武器をもつ、優秀なハンター。

①運動能力

小型獣脚類は体重が軽く、時速50キロ以上で走ることができたと考えられる。

②武器

デイノニクスやヴェロキラプトルなどの小型獣脚類は、後ろ足に大きく鋭いかぎ爪をもっていた。

③頭脳

多くの小型獣脚類は、体の大きさに対して脳が大きい。知能が高かった可能性が高い。

毒をもっていた可能性がある恐竜も

シノルニトサウルス

上アゴの骨に毒腺があったと思われる空洞があり、一部の歯には縦方向の溝があった。獲物に噛みつき、毒腺で分泌された毒液を歯の溝を通して獲物の体に注入していた可能性がある。

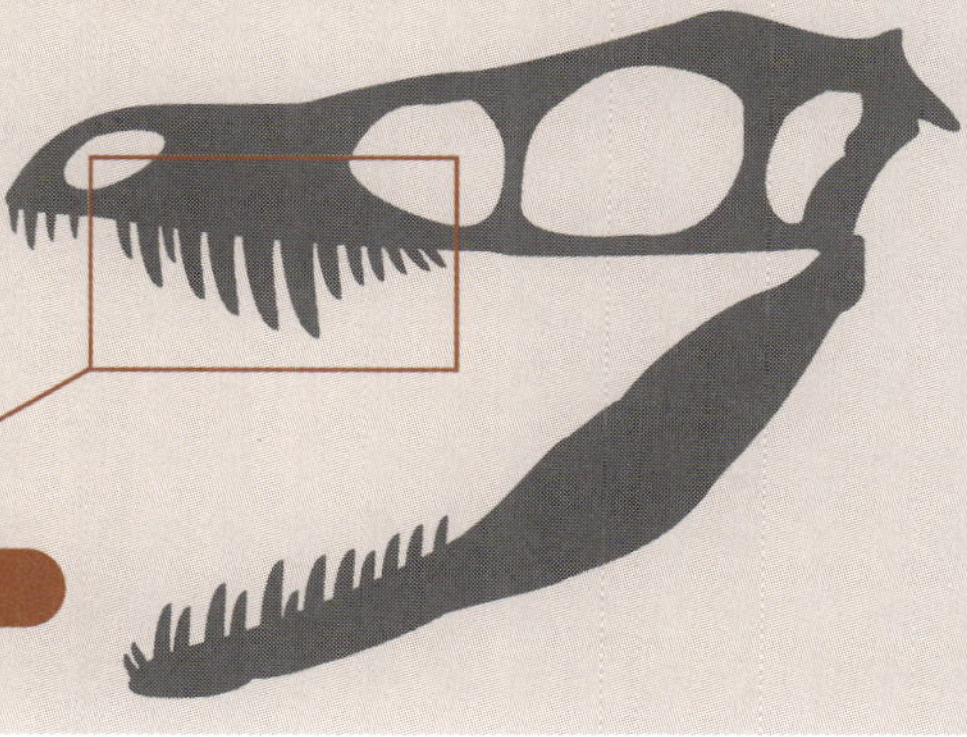

毒牙の可能性がある部分

卵泥棒の汚名を着せられたオヴィラプトル

誤解から生まれた名前

恐竜の名前はどのようにして決められているのでしょうか？

すべての恐竜には、学名とよばれる名前がつけられています。**学名は世界共通であらゆる生物につけられる学術的な名前で、ラテン語、あるいはギリシア語の文法で表記される決まり**になっています。

命名の権利は、その生物が新種であることを述べた学術論文の著者にあります。学名には属名と種名がふくまれることも重要なポイントです。たとえば、ティラノサウルスの場合は属名で、種名はレックスです。ティラノサウルスは「暴君トカゲ」、レックスは「恐ろしい」という意味ですから、この肉食恐竜のイメージを端的に表現した素晴らしい名前といえるでしょう。**ティラノサウルス・レックスが学術上のフルネームで、Tレックスというのは省略した愛称のようなもの**です。

恐竜の学名のつけ方にはいろいろなパターンがありますが、よくある例は、発見された場所や発見者の名前にちなんだもの、その恐竜の体の特徴やイメージにちなんだものなどになります。前者の代表的な例としては、ユタラプトルという恐竜です。これは「ユタ州の泥棒」という意味で、化石が発掘されたユタ州にちなんだものです。後者の例としては、ティラノサウルスのほかに、イグアノドンが挙げられます。イグアノドンとは「イグアナの歯」という意味で、歯の化石がイグアナに似ていたことからつけられた名前なのです。

余談ですが、「新種の化石を発見したら、自分の名前を学名として付けてもらえますね？」と聞かれることがあります。それにはひとつ条件があります。**学名に自分の名前を付けてもらう人は、その新種を提唱した論文の著者にはなれない**という、一種の紳士協定があるのです。したがって、研究者が自分で書いた論文で自分の名前を付けた新種を発表することはできないのです。私は、恐竜ではなく、カメやイルカの新種に自分の名前（ヒラヤマ）を付けてもらったことがありますが、いずれの論文にも著者として加わっていないのです。

さて、発見時に判明した恐竜のイメージから命名されたものの、実像はまったく違っていたという気の毒な恐竜がいるのはご存じでしょうか？　その恐竜の名前は「オヴィラプトル」といいます。

オヴィラプトルは白亜紀後期のモンゴルに生息していた、体長1・5～3メートルほどの小さな「獣脚類」です。頭部には円形の骨でできたトサカがあり、オウムのようなクチバシをもつ奇妙な顔つきが特徴です。近年の想像図では、まるでダチョウのように地上生活をする飛べない鳥にそっくりな姿に描かれるようになっています。

オヴィラプトルの化石が最初に見つかったのは、１９２０年代のことです。この個体は、複数の恐竜の卵が産み付けられた巣のそばで発見されました。この様子を見た研究者は、**「この恐竜は卵を盗んで食べようとしたときに、砂嵐などの突発的な災害に遭遇して生き埋めになった」**と考えました。化石が発見された地域では、小型の「角竜類」であるプロトケラトプスや、その卵の化石が見つかっていたので、この卵もプロトケラトプスのものだと思われたのです。こうした経緯により、１９２４年にこの恐竜は「卵泥棒」という意味のオヴィラプトルと命名されました。

ところが、それから70年の時を経て、予想外の新事実が明らかになりました。１９９３年にオヴィラプトルの近縁種にあたるシティパティという恐竜の化石が発見されました。この恐竜は円形に並べられた卵におおいかぶさるような姿勢で倒れており、体の下にあった卵を調査したところ、中から同種の子どもが発見されたのです。状況から、シティパティは卵を狙っていたのではなく、自分の卵を守っていたときになんらかの原因で死んだものと推測されました。

この発見により、**最初に発見されたオヴィラプトルもほかの恐竜の卵を狙っていたのではなく、自分の巣の卵を守ろうとして死んでしまったと考えられるようになりました**。「卵泥棒」というイメージは、最初に発見された状況から生じた誤解が原因でついたもので、とんだ濡れ衣だったわけです。

このような事情があっても、いちど付けられた学名を変えることはできません。オヴィラプトルはこれからも卵泥棒という学名を背負っていくことになります。とはいえ、**近年の恐竜図鑑にはオヴィラプトルが卵を抱いている姿が描かれています**。恐竜展でも卵を抱くオヴィラプトルのジオラマが見られるようになってきました。オヴィラプトルの名誉は回復されつつあるのです。

これも余談となりますが、獣脚類はかつて肉食の種類ばかりと思われてきました。しかし、近年ではアゴや歯の形状から、雑食や植物食のものも普通にいたことが判明しています。

オヴィラプトル類にも歯はまったくなく、アゴは鳥のような角質のクチバシでおおわれていたと考えられます。彼らは、小動物や昆虫、あるいは植物などを食べる雑食性の恐竜だったと思われます。もしかすると、ほかの恐竜の卵を食べることもあったかもしれませんが、「卵泥棒」と呼ばれるほど特別に多かった可能性は低いでしょう。

日本から報告された恐竜の化石

日本の恐竜の名前のお話をしましょう。久慈市のティラノサウルス類など、最近は日本国内から恐竜の発見が相次いていますが、**これまで正式に学名がつけられた日本産の恐竜は以下の8種類にすぎません**。

・ニッポノサウルス

1936年に南樺太（現在のロシア・サハリン島南部）から報告／頭骨の一部など、骨格の4割ほどが知られる／体長約4メートル／鳥盤目ハドロサウルス類／白亜紀後期

・フクイラプトル

2000年に福井県勝山市から報告／頭骨や四肢骨などが知られる／体長約4メートル（推定）／竜盤目獣脚類／白亜紀前期

・フクイサウルス

2003年に福井県勝山市から報告／頭骨などが知られる／体長約5メートル（推定／鳥盤目イグアノドン類／白亜紀前期

・アルバロフォサウルス

2009年に石川県白山市から報告／頭骨のみが知られる／体長130センチ（推定）／鳥盤目角竜類／白亜紀前期

・フクイティタン

2010年に福井県勝山市から報告／歯や四肢骨などが知られる／体長約9メートル（推定）／竜盤目竜脚類／白亜紀前期

・タンバティタニス

2014年に兵庫県丹波市から報告／尾の大部分や歯、頭骨の一部などが知られる／体長12～15メートル（推定）／竜盤目竜脚類／白亜紀前期

・コシサウルス

２０１５年に福井県勝山市から報告／頭骨の一部が知られる／体長約４メートル（推定）／鳥盤目イグアノドン類／白亜紀前期

・フクイヴェナトル

２０１６年に福井県勝山市から報告／頭骨など骨格の８０％以上が知られる／体長約２４５センチ（推定）／竜盤目獣脚類／白亜紀前期

すべての恐竜が白亜紀の地層からの産出であるほか、ニッポノサウルスを除けば、いずれも21世紀になって報告されています。また、５種類が福井県勝山市の地層（手取層群北谷層）から発見されていることが注目されます。

北海道の白亜紀後期の地層から見つかったハドロサウルス類である「むかわ竜」も、間もなく新種として発表される予定です。

ちなみに、タンバティタニスは２００６年の発見以来「丹波竜」と呼ばれてきましたが、これは「和名」であり、正式な学名ではありません。「首長竜」の「フタバスズキ竜」も、発見後40年近くたった２００６年にフタバサウルスという学名がつけられたのです。

日本で見つかった恐竜は断片的なものがほとんどですが、フクイヴェナトルは頭骨の大部分を含むほぼ全身骨格が、つながった状態で発見された貴重な資料です。フクイヴェナトルは小型獣脚類マニラプトル類の仲間ですが、とりわけ歯に特徴があることが注目されます。獣脚類でありながら歯に鋸歯（縁にある細かい凹凸）がなく、雑食ないし植物食だった可能性が指摘されています。

「むかわ竜」は全身骨格の８割以上がまとまって見つかっており、全長8メートルにも達します。**日本の恐竜研究はまさにこれからが旬といえる**でしょう。

シティパティによって回復された名誉

シティパティ

シティパティの体の下の卵を調査したところ、中から同種の子どもが発見された。シティパティは、卵を守っていたと推測される。

オヴィラプトル

「卵泥棒」の濡れ衣を着せられるも、シティパティの化石の発見により、オヴィラプトルも卵を守っていたと考えられるようになった。

始祖鳥は飛べたのか？

始祖鳥が空を飛ぶことのできた理由

ジュラ紀後期の始祖鳥（アーケオプテリクス）は、大きな翼と羽毛を持つことから、最古の「鳥類」とされてきました。ただし、アンキオルニスが始祖鳥より古い鳥類になる可能性については70ページで述べた通りです。

ところで、始祖鳥は現在の鳥類のように空を飛ぶことができたのでしょうか？

始祖鳥が発見された１８６０年以降、研究者たちは始祖鳥の飛行能力について論争を繰り広げています。

始祖鳥は飛べなかったという主張の大きな根拠は、始祖鳥が「竜骨突起」という構造をもっていないという事実です。竜骨突起は鳥類の胸にある板状の大きな突起が発達した骨で、翼を下向きに動かすために使う強大な筋肉が付着する場所です。**空を飛ぶ「現生鳥類」はこの竜骨突起が発達しており、空を飛ばないダチョウやキウィでは竜骨突起が退化**しています。始祖鳥もダチョウと同じく竜骨突起をもたないため、翼を力強く羽ばたかせて空を飛ぶための筋肉が不十分だと考えられたのです。

また、始祖鳥は翼を大きく上下に動かすことができましたが、関節の配置を詳しく調査した結果、自分の背中よりも上まで翼を動かすことは困難だったと考えられています。「獣脚類」の恐竜にくらべれば、はるかに自由に動かすこ

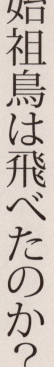

とができたのですが、現生鳥類ほどの可動範囲には達していなかったのです。

こうした特徴から、始祖鳥はもし飛べたとしても、高所から飛び降りて滑空する程度の飛行能力しかもたなかった、とする説が生まれたのです。

始祖鳥が飛べた証拠は？

逆に、始祖鳥が空を飛べたとする根拠には、どんなものがあるのでしょうか？

なんといっても「風切羽」をもっていることです。風切羽は現生鳥類の翼に生えている、左右が非対称な羽毛のことで、飛行するための揚力を得るために発達した羽です。始祖鳥の翼には、はっきりとした風切羽がありますから、空中を飛べたと考える方が自然でしょう。

さらに２０１８年、古生物学者デニス・ヴォーテンらの研究グループは、ＣＴを使って始祖鳥の翼を構成する前足の骨の厚さを測定しました。そして、この骨がどれだけの「ねじれ抵抗」をもつのか計算したのです。

ねじれ抵抗とは、物体に異なる方向に回転する力がかかったとき、どれだけ耐えることができるかを示す目安です。ぬらしたタオルをしぼるときの力の動きをイメージしてもらうと、わかりやすいでしょう。鳥類が翼を羽ばたかせるときには、このようなねじれの力が翼の骨にかかっていて、翼の骨のねじれ抵抗が大きい鳥ほど、より長く飛び続けられる傾向があります。

この調査によって得られた始祖鳥の前足のデータは、現生鳥類のウズラやキジなどに近い値になりました。いずれも短い距離を勢いよく飛ぶ鳥たちです。始祖鳥も、同じように短い距離を飛んでいた可能性が高いと考えられるのです。**短距離しか飛ばないのであれば、力強い羽ばたきに必要な筋肉が付着する竜骨突起がなくても大きな問題はなかった**でしょう。

また、ＣＴを活用して脳の構造を調べる研究も行われています。研究を行ったのは、ロンドンの自然史博物館の研究チームで、成果は

2004年に発表されています。

研究チームは始祖鳥の頭骨をCTにかけ、脳を収めていた空洞の大きさや形、「内耳(耳の器官のうち最も内側にある部分)」の構造を調査しました。その結果、始祖鳥の体に対する脳の大きさの比率は、現在の一般的な爬虫類よりは大きく、鳥類よりは小さいということが判明しました。脳の構造は現生鳥類によく似ていて、視覚をつかさどる脳の領域がよく発達していました。また、内耳には平衡感覚をつかさどる器官である、三半規管の痕跡も確認されました。

研究チームは始祖鳥のデータと比較検証を行うため、空を飛ぶ動物であった「翼竜」の脳についても同じ調査を行いました。その結果、**始祖鳥の脳は翼竜の脳ともよく似た構造であることが判明**しました。

これらの調査結果から、始祖鳥は現生鳥類や翼竜など、空を飛ぶ生物によく似た脳や感覚器官をもっていて、飛ぶために必要な機能をそろえた生物だったということがわかったのです。

それでは、始祖鳥はどのように地上から離陸していたのでしょうか?

かつては、始祖鳥は木や岩などの高所に登って、そこからグライダーのように滑空すると考えられていましたが、近年の研究によって、始祖鳥はある程度羽ばたく力をもっていたことが判明しています。**始祖鳥には獣脚類と同じ長い後ろ足があるので、助走をつけながら羽ばたいて飛びたつことは十分に可能だった**と考えられます。現生鳥類でも、ハクチョウやツル、アホウドリなど、助走をつけて飛びたつ鳥は珍しくありません。始祖鳥も同じように飛びたっていたのかもしれません。

始祖鳥は飛べたのか？　判断のポイント

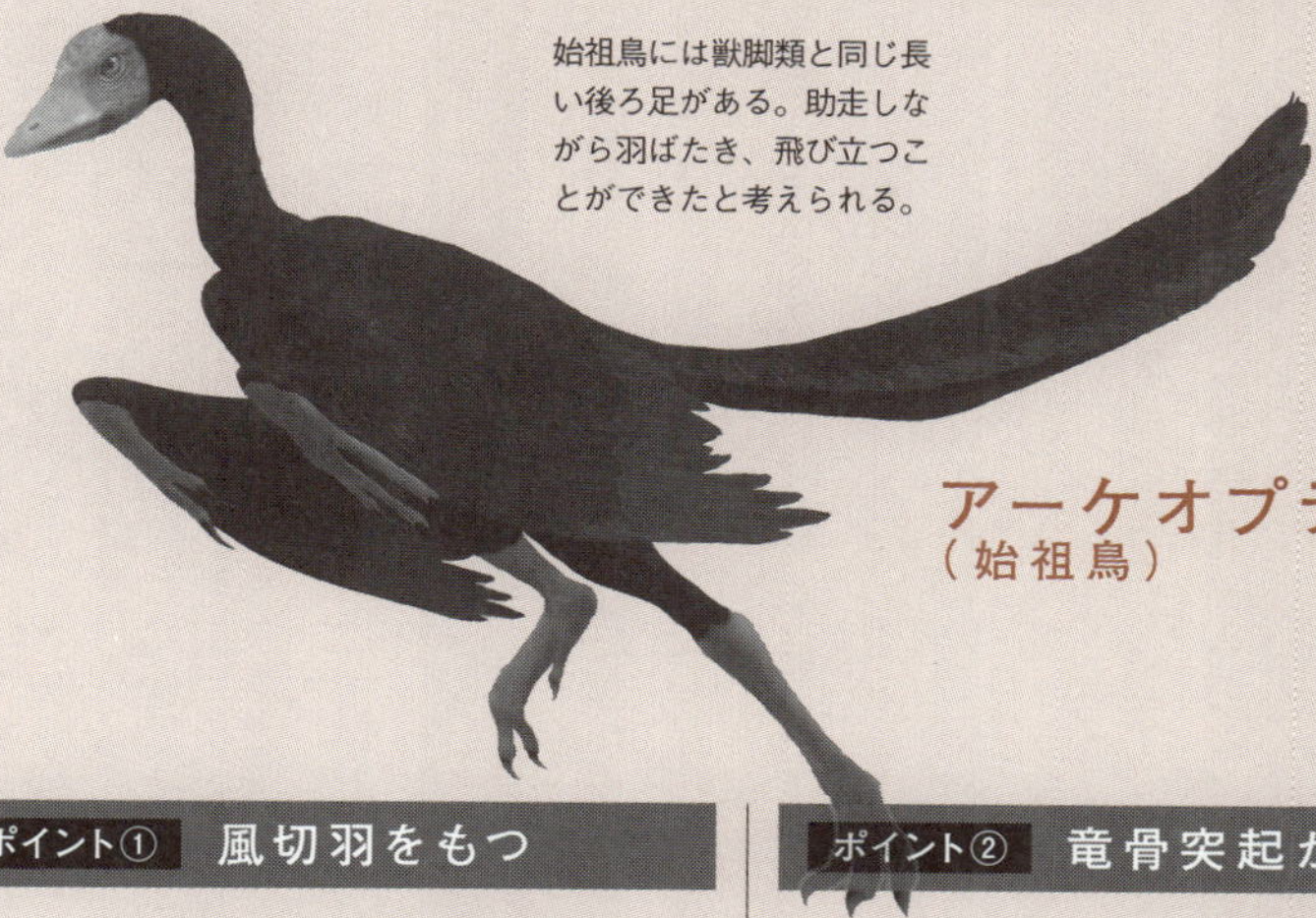

始祖鳥には獣脚類と同じ長い後ろ足がある。助走しながら羽ばたき、飛び立つことができたと考えられる。

アーケオプテリクス
（始祖鳥）

ポイント①　風切羽をもつ

風切羽は空を飛ぶために発達した羽であり、これをもっていた始祖鳥は飛べる可能性が高い。

ポイント②　竜骨突起がない

始祖鳥は翼を動かす筋肉が付着する土台である竜骨突起をもたないため、羽ばたく力が弱く飛行能力に疑いがある。

どこまでが鳥と呼べるのか？

鳥類と恐竜の境界線については、現在のところ明確な基準がない。ミクロラプトルのように、風切羽をもっていて空を飛ぶ能力があるなら、鳥とよんでもいいのではないだろうか？

ミクロラプトル

ブロントサウルスはどこに消えた？

消されてしまった名前

現在でも毎週のように、新種の恐竜が世界各地から報告されています。そうした一方で、最近の出版物では名前を見なくなってしまった恐竜がいることにお気づきでしょうか。

たとえば、ブロントサウルスという恐竜の名前に聞き覚えはありませんか？　ブロントサウルスは「竜脚類」の代表的なものとして、昔の恐竜図鑑にはかならず大きな扱いで掲載されていました。しかし、現在では、この恐竜の名前を見ることはありません。ブロントサウルスは、いったいどこへ行ってしまったのでしょうか？

ブロントサウルスを報告したのは、北アメリカの古生物学者オスニエル・チャールズ・マーシュです。1879年、マーシュは、竜脚類の頭骨以外はほぼ完全な骨格をブロントサウルスと命名しました。この名前はギリシア語で「雷トカゲ」という意味です。名前の由来はアメリカ先住民の伝承にちなんだという説や、巨体のため雷のような地響きをたてて歩いたと推測したからという説など、諸説ありますが、マーシュ自身は理由について述べていません。**日本では竜脚類のことを「カミナリ竜」とよぶことがありますが、これはもちろんブロントサウルスにちなんだよび方です**。つまり、ブロントサウルス＝竜脚類というイメージをもたれるほど、ブロントサウルスの知名度は高かったのです。

ブロントサウルスの発見から2年前の1877年、マーシュは同じジュラ紀後期の地層（モリソン層）から竜脚類の化石を発見しており、アパトサウルスと命名していました。ブロントサウルスとアパトサウルスはともに竜脚類の仲間ですが、大きさが違ったのでマーシュは別種と考えて、それぞれに別の名前をつけていたのです。ところが1903年、「シカゴ・フィールド自然史博物館」館長のエルマー・リッグスが、アパトサウルスとブロントサウルスの化石の再検証を行った結果、両者には大きさ以外の違いがないため、同一種であるとしたのです。大きさが違うのは、成長段階の違いであると考えられました。

このように、**異なる学名をもつ生物が、その後の調査によって同一種（あるいは属）であると判明した場合には、原則的に先に発表された学名に優先権があるという決まりがあります**。ただし例外として、あとからつけられた学名の知名度が高く、先につけられた学名がまったく使われていない場合には、あとからつけた名前を有効とする、という特例も認められています。**ブロントサウルスの名前は当時すでに高い知名度を得ており、特例が適用される可能性もありましたが、規定通りにアパトサウルスという学名が正式名称になりました**。

しかし、博物館や多くの恐竜図鑑では、相変わらずブロントサウルスという名前が1970年代まで使われていました。リッグスの論文が一般にはあまり知られることがなく、知名度が高いブロントサウルスの名前が好まれたというのが大きな理由だったようです。

その後の調査によって、ブロントサウルスとして展示されていた骨格が、じつはカマラサウルスの頭骨など、複数の異なる竜脚類の化石を組み合わせて復元されていたことが判明しました。これを受けて、ブロントサウルスとされていた骨格の組み直しや、アパトアウルスへの名前の変更が進んでいきました。

このようにして、ブロントサウルスという

名前は姿を消すことになりました。ところが、2015年、ポルトガルとイギリスの研究チームが化石の再調査を行い、ブロントサウルスはアパトサウルスとは別属の恐竜である、と発表したのです。この主張がほかの研究者によって広く認められるようになれば、いったん姿を消したブロントサウルスが、博物館や恐竜図鑑に復活する日がくるかもしれませんね。

もっとも私は、アパトサウルスとブロントサウルスはきわめて近縁なので別々の属に分ける必要はないと思いますが、いかがでしょうか？

ティラノサウルスの名前にも消滅の危機が！

新たな研究によって、ほかの名前の恐竜と同一種であることが判明して学名の数が減ることは、恐竜に限らず古生物の世界ではよくあることです。ティラノサウルスも、こうした例のひとつになりかけたことがあります。ティラノサウルスの化石が発見されたのは1902年、学名が論文として発表されたのは1905年のことです。1892年にマノスポンディルスという名前の恐竜が発見されているのですが、それから100年以上経った2000年に、かつてマノスポンディルスが発見された場所からティラノサウルスと思われる化石が見つかったのです。この化石は以前に見つかったマノスポンディルスの一部と判明し、ティラノサウルスの名前はマノスポンディルスに吸収される可能性がでてきました。しかし、**このときには特例が適用され、ティラノサウルスの名前が残されることになった**のです。

このほかには、史上最大の恐竜と謳われたセイスモサウルスという竜脚類が、のちにディプロドクスの大型個体であることが判明して名前が使われなくなりました。また、トロサウルスという角竜類は、ジャック・ホーナー博士によってトリケラトプスの大型個体ではないかと指摘されていますが、こちらはまだ論争が続いています。なお、同一種と認定された場合、名前の優先権はトロサウルスにあります。

名前が変わった・消えてしまった恐竜たち

ブロントサウルス
↓
アパトサウルス

ブロントサウルスは1879年に発見されたが、1877年に発見されたアパトサウルスと同一種であると指摘され、アパトサウルスに統合された。

マノスポンディルス
↓
ティラノサウルス

ティラノサウルスの命名は1905年。同一種とされたマノスポンディルスの命名は1892年だったが、圧倒的に知名度が高かったティラノサウルスの名前が残った。

セイスモサウルス
↓
ディプロドクス

セイスモサウルスは1979年に発見されたが、2004年にディプロドクス（1878年命名）の大型個体であることが判明して統合された。

トロサウルス
↓
トリケラトプス

トロサウルスとトリケラトプスの骨格はフリルの形を除くとほとんど違いがなく、同一種の可能性が指摘されている。命名時期はトリケラトプスが２年早く、名前の優先権をもつ。

竜脚類の正しい姿

竜脚類の首を無理に曲げると折れてしまう！

恐竜の復元が昔と現在では、大きく違う部分があることはすでに述べた通りです。これまでおもに「獣脚類」について解説しましたが、「竜脚類」も復元が大きく変化してきた恐竜です。最新の研究では、竜脚類はどのように解釈されているのでしょうか？

竜脚類の首に見られる独特な構造については、第一章でも触れていますが、おさらいしておきましょう。昔の復元画では、竜脚類は高々と首を上げた姿が一般的でした。ところが、竜脚類の首の骨の構造を実際に調べてみると、首を大きく曲げることができなかったことがわかってきました。**上方向に曲がる角度は、せいぜい背骨の延長線から20度くらいだったと考えられており、それ以上無理に曲げようとすると首の骨を脱臼してしまいます。**

また、首を高く上げるには、頭部まで血液を送り届けることが可能な強力な心臓が必要になります。体長20メートルほどの竜脚類が頭を上げたときの高さを8メートルと仮定すると、頭部に無理なく血液を送り届けることができる血圧を保つには、約6トンの筋肉をもつ心臓が必要になります。竜脚類の体重を50トンと仮定した場合、体重に対する心臓の重量の比率は約12パーセントにも達してしまいます。こんなに巨大な心臓をもつ生物はありえないことがわ

かりますね（人間の心臓の重量は、体重の約0．005パーセントです）。

そもそも体が大きい竜脚類は、首を少しもち上げるだけでも、ほかの多くの恐竜よりも高い位置に頭が届きます。高い樹木の葉を食べたくなっても、無理に首を高くもち上げる必要はなかったのです。

竜脚類の生活

昔の恐竜復元画では、体を水の中に沈めて頭や首を水面から出している竜脚類の姿が描かれました。特にブラキオサウルスがそうでした。

ブラキオサウルスの体重は、かつて80トン以上と推定されたのですが、手足の骨が、この体重を支えられるほど頑丈な構造ではないことが問題になりました。そこで、古生物学者は、ブラキオサウルスは池や湖などの水中に体を沈めて、浮力を得ながら生活したと考えたのです。

ブラキオサウルスの頭頂部に鼻の穴があったことも、水中生活説の証拠とされました。シュノーケルのように鼻の穴だけを水面から出して、体全体を水中に沈めていたと推測されたのです。

しかし、竜脚類の体の仕組みに関する研究が進んだ現在では、こうした生活スタイルは否定されています。**ブラキオサウルスなど爬虫類や鳥類には哺乳類に見られる横隔膜がないため、水中では水圧のため肺をふくらませることができず、体を沈めた状態では呼吸できない**ことが判明しました。竜脚類は、骨の中に発達した空洞に大きな気のうが入り込む構造になっていて（「含気骨」とよびます）、強度を保ちながら軽量化を行っています。ブラキオサウルスはとりわけ大きな気のうをもっていたと考えられることから、ブラキオサウルスの体重は多くても50トン、計算によっては23トン程度だったと見積られています。手足の骨の太さも30トンぐらいの体重なら十分に支えられたとされており、水中生活をする必要はなかったのです。

竜脚類の最新想像図

ブラキオサウルス

近年の研究によって、立ち姿や生態が大きく変化した代表的な恐竜。

首は高く上がらない

竜脚類の首は上下方向にはあまり曲がらない。首を上げたときに頭部まで血液を送ることも難しく、首は上がらないという説が主流。

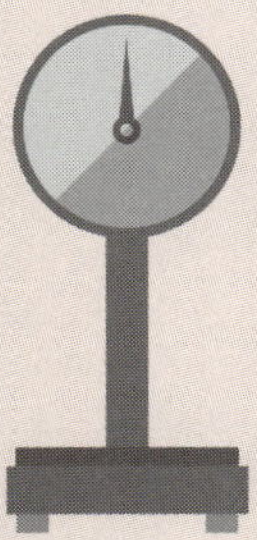

体重は意外に軽い

かつては体重80トン以上と推測されていたが、骨の中に気のう（呼吸器官）が入る構造で軽かったため、体重の見積もりが大幅に軽くなった。

竜脚類の婚活

竜脚類はキリンとは違う

「竜脚類」の長い首はなんのためにあったのでしょうか。あまり移動しなくても広い範囲の植物を食べられるように長くなっていった、という解釈もありますが、首の可動範囲が狭いことが、それこそネックになります。そこで、**仲間や異性へのアピールのために役立ったという説も有力**になってきました。

では、竜脚類は長い首を使ってどのようにアピールを行ったのでしょうか？

第一章でも触れた竜脚類の首の構造を考えると、現在のキリンのように長い首をぶつけあったという説は成立しないでしょう。竜脚類の首は、たくさんの「頚椎（首の骨）」がつながってできています。頚椎の数は種類によってさまざまで、ブラキオサウルスで13個、ひときわ長い首をもつマメンチサウルスで19個になります。42ページでも解説していますが、恐竜の首は背中側から「靭帯」で引っ張り上げる「吊り橋構造」によって支えられています。そのため、竜脚類の長い首には、最小限の筋肉しかついていなかったと考えられています。筋肉の力で首を支えようとすると、多くの筋肉が必要になって首の重量が増え、ますます多くの筋肉が必要になるという悪循環に陥るため、軽量化しつつある程度の強度も確保できる吊り橋構造は非常に理にかなったつくりでした。

また、少しでも首の重量を軽くするために、頸椎の内部は空洞がほとんどを占める独特の構造になっており、頭骨も同じように、骨が薄く穴が多い構造になっていました。つまり、竜脚類の首は空洞だらけの薄っぺらな骨に、少量の筋肉をまとっていただけなので、外からの圧力に対してそれほど頑丈な構造ではありませんでした。キリンが首をぶつけあって力くらべをしても平気なのは、ひとつひとつの首の骨が大きく頑丈で、首まわりに分厚い筋肉をまとっているからです。竜脚類がキリンと同じように首をぶつけあったら、筋肉のクッションに守られていない骨は簡単に折れてしまったでしょう。頸椎や頭骨の骨折はもちろん致命的な怪我です。同種の仲間へのアピールには、ほかのやり方が必要でした。

見せつけるだけでアピールは十分だった⁉

それでは、竜脚類はどのように仲間や異性にアピールをしたのでしょうか？

長い首を支えるには、それに見合った大きな体が必要になります。立派な長い首をもつ大きな竜脚類は、肉食恐竜に狙われるリスクも低かったことでしょう。つまり、**竜脚類にとって、体が大きく、首が長いということは生き残る力が優れていることの証明だった**わけです。

一般的に、動物のメスはより優秀なオスを繁殖のパートナーに選びます。優秀さの基準は動物によって異なりますが、竜脚類の場合は首が長く体が大きいことが優秀さの証明になったと考えられます。体や首が立派であることをアピールするなら、激しく争わなくても見せつけるだけで十分でしょう。ちょっとした小競り合いはあったかもしれませんが、首をぶつけあうような過激な力くらべは必要ありませんでした。

竜脚類の長い首や体の大きさは、一見すると日々の生活には不利益で無駄なことのように思えます。長い首は、呼吸をするのにも、また食べ物を飲み込むのにも多大な労力を必要としたはずです。巨大な体は大量の食料を必要とします。野生のゾウは、食事に費やす時間が1日なんと20時間であることが知られています。寝る時間も惜しんでひたすら食べ続けないと、あの巨体は維持できないのです。竜脚類は、おそらく哺乳類のゾウほど代謝は高くありませんでしたが、より大きな巨体を維持するのに同じぐらいの食事量と時間が必要だったはずです。竜脚類の抜け落ちた歯を見ると、先端がひどく磨り減ったものばかりです。**竜脚類の歯は、ほぼ毎月生え替わったという説もありますが、それでも歯がこれだけ磨り減っているのは、彼らが昼夜を問わず食べ続けていたことを示しています。**

しかし、生物を観察すると、むしろ不利益になるような特徴（や習性）が異性に選択される場合が多いのです。たとえばオスのクジャクはおそろしく長い尾羽を持っていて、トラなどの天敵に狙われやすいはずです。にもかかわらず、クジャクのメスはより長く、派手な模様のある尾羽をもつオスをパートナーに選ぶのです。より長い尾羽のあるオスは、捕食者やウィルスの攻撃から生き延びる能力に長けていることを証明しており、メスに好まれるというわけです。

シカのオスは、繁殖期になると大げさに思えるほどの大きく重い角を生やしてメスにアピールします。もちろんオス同士の争いに勝つ必要もあります。シカの仲間は体の大きな種類ほど、角も大きく派手になる傾向があり、竜脚類の体の大きさと首の長さの関係によく似ています。これは、体が大きくなるほど天敵に狙われるリスクが小さくなるので、性的アピールへの投資も大きくなることを意味しています。シカのオスは若いうちは角も小さいのですが、成熟するにつれて角が大きく重くなっていきます。

同じことが竜脚類にもいえそうで、竜脚類の子どもは大人ほど首が長くありません。このように成長とともに発達する体の特徴は、「二次的性徴」とよばれ、繁殖期での性的アピールに使われることがほとんどです。

ここで重要なのは、性的アピールに使われる特徴は、同種内でのみ有効であり、種が異なれば無意味だということです。意味不明の言葉で話しかけられているようなものですから、人間の目には奇妙で不思議な特徴に見えるわけです。**恐竜のなかに、意味がよくわからない奇抜な特徴が多いことは、それだけ恐竜が性的なアピールに多大なコストを費やすことのできる、非常に成功した生物であったことを示している**と考えられるのです。

ちなみに、一見すると生存にとって不利益にしか思えない特徴（や習性）をもつ個体が、生物学的に成功する戦略の説明を「ハンディキャップ理論」とよんでいます。私は、生物に見られる進化や多様性は、この「ハンディキャップ理論」によって説明できることが多いのではないかと考えています。

見せるためにさらなる進化を

竜脚類では、大きな体と長い首や尾がおもな特徴で、「剣竜類」や「角竜類」のように骨板や角などの派手な装飾をもつ種はあまり多くありません。ですが、竜脚類のなかにも体に装飾を発達させた種がいくつか発見されています。

代表的なのは、アマルガサウルスです。アマルガサウルスは、１９９１年にアルゼンチンの白亜紀前期から報告された恐竜です。体長は10メートルほどで竜脚類としては小柄です。この恐竜の「頸椎」や「脊椎（背骨）」には、高さ60センチにも達する長い突起が2列に並んでいます。生きていたとき、**この突起は皮膜で覆われて帆のような形状になっていて、仲間や異性に見せつけるアピールの道具の役割を果たしていたと考えられています**。また、突起は皮膜ではなく角質で覆われており、突起同士をぶつけて音を立てることで仲間にアピールをしたという解釈もあります。私は、アマルガサウルスの組立骨格をアルゼンチンの博物館で観察したことがありますが、この長い突起が邪魔になって首の可動範囲は非常に狭かったと考えています。まさに「ハンディキャップ理論」でないと説明できないような奇妙な特徴です。

同様の特徴をもつ竜脚類は、２０１９年にも報告されています。この恐竜はバハダサウルス（あるいはバジャダサウルス）といい、アマルガサウルスと同じくアルゼンチンの白亜紀前期に生息していた体長９メートルほどの小型竜脚類です。「頸椎」には、２列に並んだ高さ１メートル近い突起があり、こちらも仲間や異性へのアピールに使われていた可能性があります。アマルガサウルスの場合、長い突起は後ろ向きに傾いていますが、バハダサウルスは前向きに傾いている点が大きく異なっています。

いずれの竜脚類でも体は小さく、首も竜脚類としては短めでした。アマルガサウルスやバハダサウルスは、体の大きさや首の長さの代わりに、長い突起物をアピールするように進化したと考えられるのです。

竜脚類は不完全な骨格でしか知られていない種類が多いので、今後、より完全な化石が見つかれば彼らの繁殖戦略についてより多くのことを解明できるようになるでしょう。

体が大きく首が長い竜脚類がモテる

竜脚類は、その体が大きいほど肉食恐竜に狙われるリスクが低かった。

竜脚類の一生

生まれてすぐに始まる生存競争

「竜脚類」は、まちがいなく地球史上最大の陸上動物でした。彼らはどのように生まれ、育っていったのでしょうか？

74ページで少し触れましたが、**竜脚類は繁殖期になると集団営巣地に集まり、地面に穴を掘って100個ほどの卵を数回に分けて産み落としていきました**。足の構造から、竜脚類はひざを曲げてしゃがみこむことができなかったと考えられるため、ウミガメのように輸卵管という管をのばして、巣の中に優しく卵を産み落としたと思われます。産卵後、卵は土の中に埋められたり、ある程度は砂や植物を上にのせて隠されたかもしれません。どちらにしても、親がそれ以上卵の世話をすることはなかったと思われます。集団営巣地では狭い範囲にたくさんの巣が密集しているので、親恐竜が長居をすると踏みつぶしてしまう危険性があったからです。

100個前後の産卵からも、竜脚類は多産多死の繁殖戦略だったことがうかがえます。産卵を終えた親が去り、集団営巣地に残された卵は太陽熱や地熱で温められます。そして、やがて子どもがふ化します。**ウミガメを参考に考えると、すべての卵が同じ時期にいっせいにふ化した可能性が高いと考えられます**。繁殖期に集団営巣地に集まった親は、おそらく数十～数百頭にも達したので、1つの営巣地でふ化した子どもは

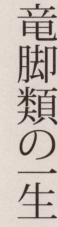

1万頭を超えることもあったでしょう。

こうして生まれた子どもたちは、いきなり大自然の洗礼を受けることになります。生まれたばかりの子どもたちが、一か所に大量に集まっているという状況は、捕食者から見ればごちそうの山です。**集団営巣地の周辺で生活する肉食の「獣脚類」や「哺乳類」などは、ふ化の時期を狙って集まっていたはずです**。ワニやカメの場合は、ふ化から1年以内に90パーセント前後の子どもが死んでしまうことが知られています。竜脚類の子どもの生存率も、大差ない数字だったと思われます。

多くの子どもたちが肉食動物の獲物になるなかで、幸運なひとにぎりの子どもは集団営巣地を脱出して、身を隠せる森の茂みなどに逃げ込んだでしょう。そして、**同じ時期に生まれた子ども同士で集まって、群れを作ったと考えられます**。群れを作ることのメリットは、敵の接近に気づきやすくなることと、襲われてしまっても1頭が犠牲になっているうちに逃げることができる、あるいは仲間が食べられているあいだは安心して食事ができるという点です。敵に襲われたり病気で倒れるなどして、群れはしだいに数を減らしていったと思われますが、子どもたちは別の群れとの合流を繰り返しながら生き抜いていったことでしょう。

竜脚類は大人と子どもが同じ群れにいて、ゾウの群れのように子どもを保護していたという説がありますが、80ページで述べたように、この説には異論もあります。体の大きさが違い過ぎる大人といっしょに行動することは、食料にありつくのに苦労したり、踏みつぶされるなど、子どもにとってリスクが大きいからです。ゾウにくらべると、体に対する脳の大きさがはるかに小さい竜脚類が、子どもに対する細やかな気づかいができたとも考えにくいでしょう。竜脚類の群れには、同じくらいのサイズの同世代の個体が集まっていたと考える方が自然なのではないでしょうか？

２０１６年、アメリカの古生物学者クリス

ティナ・カリー・ロジャースは、マダガスカルで発掘されたラペトサウルスという竜脚類に関する論文を発表しています。ラペトサウルスは白亜紀末にいた体長15メートルほどの竜脚類です。ロジャースはラペトサウルスの幼体の化石を詳しく調査して、幼体の骨の形は成体とほとんど変わりがなく、活発に動きまわっていたと述べています。

子どもたちは生まれたときから親と同じようにしっかりした骨と歯をもっているので、自力で生きていくことができたのです。ロジャースが調査した幼体は、骨の組織を調べることによって、生後39〜77日の個体と判明しました。卵からふ化したばかりのラペトサウルスの体重は約3．4キロですが、この幼体の体重は約40キロになっていました。竜脚類の子どもは、生後2か月前後で10倍以上の大きさに急成長したことになります。しかし、この成長速度をもってしても、成体の大きさまで成長するには十数年はかかったとみられています。

成長した竜脚類の生活

幾度も訪れた命の危機を切り抜け、成体の大きさまで成長できた竜脚類には、ほとんど敵はいなくなります。大型の獣脚類にとっても、自分たちよりはるかに大きい大人の竜脚類を狙うより、もっと小さくて倒しやすい獲物を狙うほうがリスクが少ないからです。ここまで成長することができる個体は、全体の1％程度だったと思われます。**足跡の化石から、竜脚類の群れのあとを獣脚類が追跡していたことがわかっています**。病気やケガ、あるいは老齢で群れから脱落した個体が、獣脚類の獲物になったのでしょう。

大人になった竜脚類の群れは、昼夜を問わずひたすら食べながら移動を続けました。一か所に留まっていては、すぐに植物を食べつくしてしまうからです。やがて繁殖期が訪れると、メスたちは集団営巣地に向かい、産卵をしました。竜脚類はこうして次の世代に命をつないでいったのです。

竜脚類の一生

①卵を産む

繁殖期になると、集団営巣地に集まり、地面に穴を掘って１００個ほどの卵を数回に分けて産み落とす。卵の世話はしない。

②温められる

土の中に埋められたり、砂や植物を上にのせて隠された卵が、太陽熱や地熱で温められる。

④移動を続ける

肉食動物から逃げ切れた子どもは、子ども同士で群れを作って成体まで成長していく。植物を食べる場所を変えながら、移動を続ける。

③ふ化する

同じ時期にいっせいにふ化した可能性が高い。この時期は肉食動物に狙われやすく、90%近くは捕食されたと思われる。

ステゴサウルスの意外な食生活

歯の形から食性を推定

恐竜は何を食べていたのでしょうか？

これについては、歯やアゴの構造を調べることで、さまざまなことが推論できます。また、胃の内容物が確認できれば、食物についての直接的な証拠になります。

どんな恐竜が何を食べていたと考えられるのかチェックしてみましょう。

獣脚類の食性

まず、「獣脚類」は基本的に鋭くとがった歯をもっています。形は薄く平たいもの、まっすぐな円錐形のもの、太くバナナのようにカーブしているものなどいろいろありますが、これらは一般に動物食であることを示しています。

薄く平たい歯は、獲物の肉をナイフのように切り裂くのに適しており、歯の縁には「鋸歯」とよばれる細かい凹凸が発達しています。多くの獣脚類がこのタイプの歯をもっています。

スピノサウルス類に見られるまっすぐな円錐形の歯は、魚類の体に突き刺して捕らえることに向いていて、魚を主食にしていたことを示すと考えられます。

ティラノサウルス類に見られる太い歯は、噛むときに大きな力がかかることの証明です。このタイプは獲物を骨ごと噛み砕いて食べる習性があったと思われます。

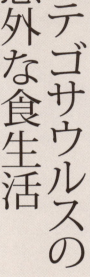

ちなみに、獣脚類には肉をすり潰すための歯がなかったので、口に入れた肉はそのまま飲み込みんでいたことでしょう。

最初に「基本的に」と述べたのは、例外も存在するからです。テリジノサウルス類など一部の獣脚類は、先が広がって木の葉のような形になった歯をもっています。これは植物食の恐竜に見られる特徴です。

オルニトミムス類やオヴィラプトル類のように歯のない獣脚類も珍しくありませんでしたが、これらの恐竜は雑食ないし植物食だったと思われます。

またティラノサウルス類の項目でふれたように、歯が鋭くとがっていても純粋な動物食が疑わしい、タルボサウルスのような恐竜もいました。特に歯の縁に鋸歯がない獣脚類は、雑食ないし植物食だった可能性を考えなくてはならないようです。**久慈市で見つかったティラノサウルス類の歯にも鋸歯がなく、その食性が気になるところです**。

竜脚類の食性

「竜脚類」のアゴには、鉛筆のように細長い歯や、ヘラのように平たい歯がたくさん生えていました。歯は顎の前方に並んでいて、歯と歯のあいだには隙間がありました。彼らはこの歯で植物を挟んでむしり取るだけで飲み込んでいたと考えられています。**竜脚類の胃の中には消化を助けるバクテリアがいたので、消化不良を起こすことはなかったようです**。竜脚類は小石を飲み込んで消化の助けにしていたとも考えられていますが、否定的な見解もあります。竜脚類の歯で注目すべきは、先端が著しくすり減っていることです。歯がすり減ることは、繊維質の植物を大量に食べる動物の重要な特徴と考えられます。

鳥盤類の食性

「鳥盤類」の多くは、口先に歯がなく、代わりに角質のクチバシがあったと考えられます。

このクチバシのおかげで、鳥盤類は硬い植物の茎や枝を噛みちぎることができました。ハドロサウルス類やケラトプス科などは、口の後方に「デンタル・バッテリー」という特殊な歯の集合体がありました。**デンタル・バッテリーは数百本の小さな歯が重なった構造で、すり減った歯が抜け落ちるとすぐに下から新しい歯が生えてくる仕組み**になっていました。

白亜紀の進化した鳥盤類はデンタル・バッテリーをもっていたおかげで、植物を口の中で効率よくすり潰すことができたと考えられます。下アゴには、アゴを動かす筋肉がつく大きな突起が発達しており、強い力で噛むことができる仕組みになっています。そのため、ハドロサウルス類やケラトプス科は鳥盤類のなかでも最大の恐竜に進化することができたと考えられるのです。

竜脚類は植物の消化を胃の中のバクテリアに任せましたが、鳥盤類はよく噛んで消化を助ける方向に進化したというわけです。

ステゴサウルスの歯とアゴ

ステゴサウルスは、その奇妙な外観からティラノサウルスやトリケラトプスと並ぶ有名な恐竜のひとつですが、食性についてはほとんど研究されていません。

ステゴサウルスは、植物食の鳥盤類とされてきました。確かに多くの鳥盤類は、丈夫な歯とアゴで植物をしっかりすり潰してから飲み込んでいたことがわかります。彼らの歯はひどくすり減っているからです。

しかし、ステゴサウルスの歯を調べてみると、ほかの鳥盤類にくらべてとても小さいことがわかります。歯の大きさだけ見ると、ハムスターと大差ないのです。さらに、歯にはすり減ったあとが見られません。また、**頭骨を分析するとアゴを動かす筋肉がつく部分が小さく、噛む力が弱かったこともわかります**。

このように、ステゴサウルスの歯とアゴは、繊維質の多い新鮮な植物を食べるにはいかにも頼りないものです。では、いったい何を食べていたと考えられるのでしょうか？

ステゴサウルスには、ほかにも奇妙な特徴があります。**ステゴサウルスは恐竜のなかでも脳がとりわけ小さいことで有名です**。体重は数トンと推定される大きな動物ですが、脳の大きさは、クルミあるいは梅干しほどの大きさしかないのです。

頭骨は首に対してほぼ直角になるような構造でした。首の上には骨板が並んでいて、ほとんど首を上に曲げることができないので、頭がほぼ真下を向いていたと考えられます。そして、ステゴサウルスの肩は人間の膝ぐらいの高さにあるので、口先が地面すれすれの位置にあったことになります。

植物食の動物では、消化に時間がかかるため消化器官が大きくなり、胴体がふくらんでいるのが特徴です。ステゴサウルスの胴体は、腰が非常に高い位置にあることもあり、ほかの鳥盤類とくらべてもボリュームがあり、消化器官が大きかったことを示しています。

以上のことから、ステゴサウルスは、地面の上にある非常に柔らかい物を食べていたと推定できます。脳が小さいことは、食物の栄養価が低く、代謝も低かったことを示しているのではないでしょうか？　消化器官が大きいことは、大量に食べていたということでしょう。

そして私の結論ですが、**ステゴサウルスは共存していたほかの植物食恐竜、とりわけ竜脚類の新鮮な排泄物を主食にしていたのではないかと考えています**。

植物を食べて栄養を取り出すには、植物の細胞壁を壊す必要があります。野菜を生で食べるより、加熱調理したりすり潰してジュースにしたほうが栄養吸収率が高まるといわれるのは、細胞壁を壊すためです。通常の植物食恐竜は、消化を助けるために植物をよく噛んですり潰したり、体内のバクテリアを利用していましたが、それでも排泄物には半分程度の栄養素が残されていたでしょう。排泄物はすでに消化が終わって柔らかくなっていますから、乾燥していなければ食べるのに強い力は必要ありません。**ステゴサウルスの大きな胴体には、大量の排泄物から栄養を吸収するための長い腸がつまっていたのでしょう。**

現代では、ゾウなど大型陸上動物の糞を利用するのはもっぱら甲虫など昆虫の役目です。しかし、竜脚類が栄えたジュラ紀からはこうした甲虫の化石は確認されていません。また、爬虫類や鳥類の排泄物を昆虫が敬遠することも問題です。爬虫類や鳥類の糞には尿酸が含まれていて、昆虫はそれを嫌うようなのです。ステゴサウルスには、巨大竜脚類が生み出す大量の排泄物を適切に処理する役目があったのではないでしょうか？

ステゴサウルスの歯やアゴに見られる特徴は、じつは「曲竜類」や「パキケファロサウルス類」にも見られるのです。恐竜の糞を食べるという食性が、彼らにもあったかもしれないと考えています。

ステゴサウルスの特異な身体的特徴

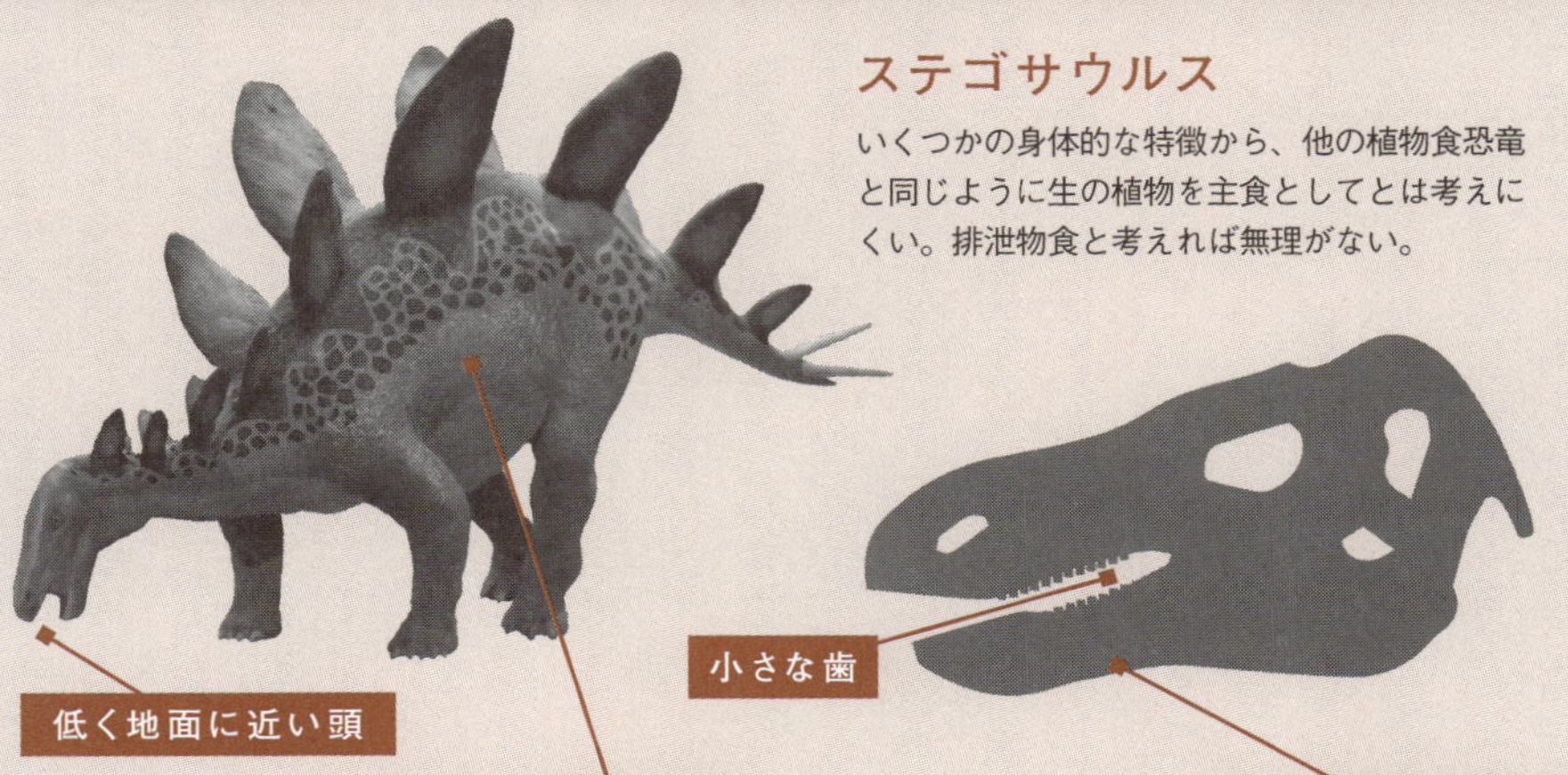

いくつかの身体的な特徴から、他の植物食恐竜と同じように生の植物を主食としてとは考えにくい。排泄物食と考えれば無理がない。

ステゴサウルスの武装の効果

武器を身にまとった剣竜類

恐竜たちのなかには、現代の地上で生活する動物たちとはまったく異なる、個性的な姿をしたものがいます。なかでも、ひときわ変わった姿をしているのがステゴサウルスなどをふくむ「剣竜類」です。

剣竜類は「装盾類」の仲間です。装盾類にはほかに「曲竜類」というグループがいます。剣竜類はジュラ紀に繁栄しましたが、白亜紀になると衰退し、中生代の終わりを待たずに絶滅しています。同じ装盾類の一員である曲竜類は白亜紀の終わりまで生き延びていますが、なぜ剣竜類が先に絶滅してしまったのか、理由は不明です。

ほとんどの剣竜類は、首から背中、尻尾にかけて骨板やトゲの列があり、尻尾には長いスパイクをもっています。また、肩からスパイクを生やしているものもいます。とげとげしい武装をまとった剣竜類の姿はとても威圧感がありますが、こうした武装は実際にどの程度防御に役立っていたのでしょうか？

ステゴサウルスを例に、武装の役割について考えてみましょう。

背中の板の正体は？

ステゴサウルスの背中には、大小の骨板が2列になって並んでいます。板は五角形で、最も

大きいものは高さと幅が60センチ四方もあります。名前は「屋根におおわれたトカゲ」という意味です。これは、最初に化石が発見されたときに、骨板がどのように生えていたのかわからず、屋根瓦のように背中を覆っていたと推測されたためです。尻尾のスパイクも体のどの部分についていたものかわからなかったため、古い想像図では背中をおおうように横向きになった骨板が並び、板と板のあいだからスパイクが突き出ているという、現在とはまったく異なる復元画が描かれていました。その後、保存状態のいい化石が見つかったことにより、現在のような姿になったというわけです。

さて、ステゴサウルスのトレードマークともいえる骨板は、実際のところはどんな役目をもっていたのでしょうか？

これについては、発見当初からさまざまな説が唱えられ、議論されてきました。最も多かったのは、**捕食者に対する防具であるという説**でした。確かに、これほど大きく角ばった板が背中に並んでいれば、上からは攻撃しにくいように見えます。また、板どうしをぶつけたりこすりあわせて音を立て、敵を威嚇したという説もありました。

骨板については、古くはエックス線、最近ではCTスキャン、そしてなんと実際に化石を切断する調査までが行われており、林昭次さん（岡山理科大学）らの研究によって詳しい内部構造が明らかにされています。骨板の内部はスポンジのように穴だらけで、非常にもろい構造でした。防具として使うには強度が不十分だったのです。

それでは、この板はなんのためにあったものなのでしょうか？

「放熱板」だったという説があります。板の内部の細かい穴は血管が通っていた跡であり、これを外気にさらすことで体温調節をしていたというのです。現代のワニ類の背中にも血管が通っている鱗があり、体温調節に使われています。ステゴサウルスの骨の板はワニの鱗よりずっと大きいですが、同じような機能があっても不思議ではありません。

また、**骨板は異性へのアピールに使われていた可能性もあります**。ステゴサウルスの骨板の大きさを調べてみると、一定の年齢に達すると急激に板が大きくなっているのです。これは、性的特徴によく見られる現象といえます。

尻尾のスパイクの効果

ステゴサウルスのもうひとつの特徴である、尻尾のスパイクについてはどうでしょうか？

尻尾のスパイクは、昔から肉食恐竜などの捕食者に対する武器であるという説が有力でした。これは、鋭くとがったスパイクの見た目に加えて、同時代に生きていた肉食恐竜のアロサウルスの骨に、ステゴサウルスのスパイクが刺さったような痕跡が見つかっていたことから生まれた説だといわれています。エックス線を用いた調査でも、スパイクは中身がしっかり詰まった構造で、武器として使うには十分な強度を備えているという結論になりました。

ですが、この説に異論をとなえる研究者もいました。林さんらの調査では、スパイクは円錐形ではなく薄く平たい形で、内部にも小さな穴が無数にあってもろい構造だというのです。

なぜ、このような主張の違いが発生したのでしょうか？

その後の調査によって判明したのですが、ステゴサウルスのスパイクは、年齢によって形や強度が変化するために見解の違いを生んでいたのです。スパイクは、子どものうちは骨の板のように平たくもろい構造で、大人になるにつれて円錐形に近づき、内部の密度も増して頑丈になっていきました。

つまり、**ステゴサウルスは、子どものうちは草木や岩場に身を隠しながら過ごし、大人になってからは尻尾のスパイクで敵を追い払うという生態だったのかもしれません**。

ステゴサウルスの背中の板の役割

板の内部の細かい穴に血管が通っていて、体温調節使われていた、いわゆる「放熱板」だったという説がある。そのほか、一定の年齢に達すると、急激に大きくなることから、異性へのアピールに使われてた可能性がある。

曲竜類（鎧竜）の防御能力

装甲板の構造

　現代には、カメ類やアルマジロなど、体に「盾」を装備して身を守っている動物たちが存在します。恐竜にも、こうしたグループがいました。盾を装備したもの、という意味の「装盾類」たちです。

　装盾類をさらにグループ分けすると、「剣竜類」と「曲竜類」に分かれます。剣竜類は、１４６ページや１４９ページで紹介した、ステゴサウルスが属しているグループで、背中に骨の板やスパイクを並べ、尻尾にもスパイクをもつ恐竜たちです。もうひとつのグループである曲竜類は、体が小さな骨の板でできた装甲で覆われている恐竜たちです。まるで鎧を着ているようにも見えることから、「鎧竜」とよばれることもあります。１５０ページで解説しましたが、剣竜類の代表格であるステゴサウルスの骨の板は意外ともろい構造で、敵の攻撃を防ぐ盾としては機能しなかったと考えられています。ステゴサウルスは盾で身を守っていたのではなく、尻尾のスパイクで敵を追い払う恐竜だったと考えられるのです。

　それでは、曲竜類たちの装甲も、実際には防御手段として機能しなかったのでしょうか？

　剣竜類の背中の板や、曲竜類の装甲板は「皮骨」という組織です。骨はタンパク質の一種であるコラーゲンの組織に、リン酸カルシウムが付着して結晶化することによってできています。これと同じ現象が皮膚の上で起きることによってできているのが皮骨です。

現代の動物では、ワニ類やアルマジロなどの背中にある硬い外皮が、皮骨でできている組織です。これらはとても硬く、アルマジロは敵に襲われると、体をまるめて柔らかい腹部を隠し、敵が諦めるまで待って身を守ります。

剣竜類の背中の板は防御手段とは別の目的で発達したものでしたが、**曲竜類の装甲板は肉食恐竜の歯でも簡単には貫通できないくらいの強度があった**とみられています。曲竜類は腹部に装甲板をもっていませんでしたが、敵に襲われても地面に伏せて腹部を隠してしまえば、攻撃に耐えることができたでしょう。

なお、カメの甲羅も以前は皮骨で形成されているという説がありましたが、三畳紀に登場した最初期のカメ類の化石や、現生種の発生学を分析した結果、カメの甲羅は肋骨や背骨が変形してできたものだということが判明しました。曲竜類とカメ類は似ているようで、その防御手段の背景はまったく異なっているのです。

ハンマーをもつ曲竜類

曲竜類のなかには、敵に襲われたときに防御に徹するだけでなく、武器を使って果敢に反撃をしたと考えられるものもいました。彼らが武器として使ったのは、尻尾の先端にあった骨のコブです。**尻尾に骨のコブをもつ代表的な曲竜類は、アンキロサウルスでしょう**。

アンキロサウルスは白亜紀後期に生息した、最大で全長10メートルに達した曲竜類です。アンキロサウルスの尻尾は特殊な構造になっていて、尻尾の付け根の付近は左右方向に柔軟に曲げることができますが、中ほどから先はまったく曲げることができません。曲げられない部分は、前後の骨が突起によって組みあっていて、1本の硬い棒のようになっているのです。そして、その棒の先端には、皮骨が発達して膨れ上がった大きなコブがあります。尻尾の中ほどから先端のコブまでは一体化していて、長い柄のついたハンマーのようになっていました。アンキロサウルスはこのハンマーを左右に振って、肉食恐竜を撃退したと考えられています。

しかし、この説には異論もあります。アンキロサウルスの尻尾のコブは、内部に小さな空洞があって、武器として使うには強度が足りないという指摘があるのです。実際に、アンキロサウルスの近縁種であるエウオプロケファルスの化石には、コブの左右が破損したものが見つかっています。ですが、この破損の痕跡こそが、敵にコブを打ちつけていた証拠であるという主張もあります。結論を出すには、さらなる資料の収集と分析が必要になるでしょう。

また、じつは**アンキロサウルスの子どもは骨のコブをもっておらず、成長するにつれて骨が発達するということも判明**しています。このことから、コブは肉食恐竜に対する武器ではなく、繁殖期を迎えたオスがメスをめぐって争うときに使ったものだという異論もあります。

立派なスパイクはこけおどし？

エドモントニアやサウロペルタなどの曲竜類は、尻尾のコブはもっていませんでしたが、肩や首の側面に巨大なスパイクを生やしていました。彼らはこのスパイクを振りかざして、肉食恐竜に対抗していたのでしょうか？

残念ながら、エドモントニアのスパイクについては、内部に小さな空洞が多く、もろい構造だったことがわかっています。近縁種であるサウロペルタのスパイクも、同様であった可能性が高いでしょう。見た目はとても立派ですが、敵を突き刺して撃退する武器にはならなかったと考えられています

ただ、こうした目立つ特徴は、実際に武器として使用されなくても、敵を威嚇する効果があったかもしれません。そもそもエドモントニアやサウロペルタには骨の鎧もあったので、スパイクによる威嚇が通じなくても肉食恐竜から身を守ることはできたと考えられるのです。

鎧竜の防御能力

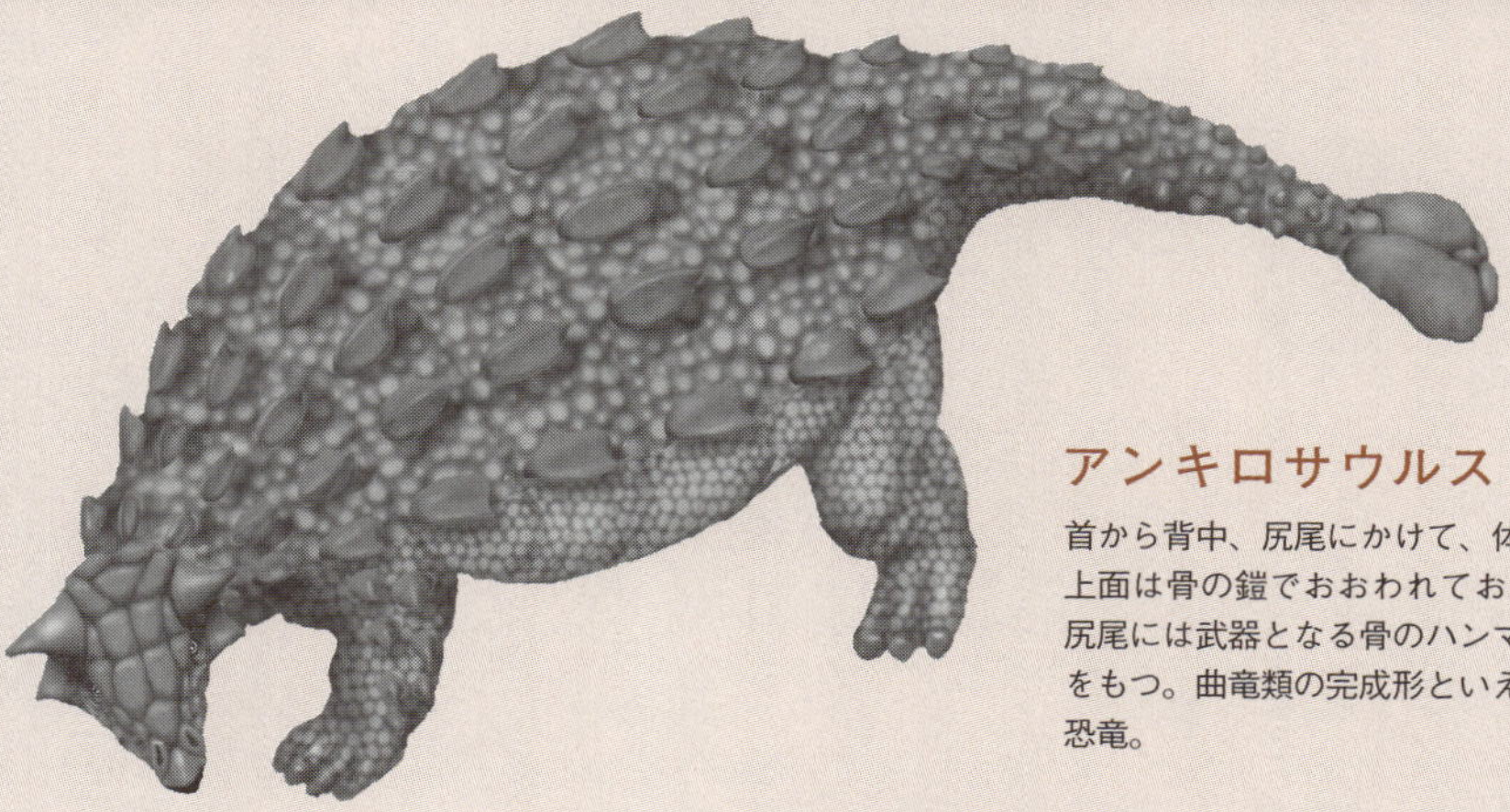

アンキロサウルス

首から背中、尻尾にかけて、体の上面は骨の鎧でおおわれており、尻尾には武器となる骨のハンマーをもつ。曲竜類の完成形といえる恐竜。

鎧竜を守る3つの武器

骨の鎧

皮骨でできた組織で、肉食恐竜の歯も簡単には通さない強度をもつ。

尾の先端の武器

種類によっては、尻尾の先に骨のコブをもつ。敵に打ちつけるハンマーのような武器になった。

視覚的な威嚇効果

頑丈そうな鎧と、尻尾の武器（種類によっては肩のスパイクも含む）を見せつけることによって、敵を威嚇して攻撃意欲をなくさせる効果も期待できた。

トリケラトプスの実像

ティラノサウルスのライバル？

白亜紀後期の北アメリカには、史上最大級の肉食恐竜であるティラノサウルスが君臨していました。この時代、同じ場所で生活していた代表的な恐竜が、トリケラトプスです。

トリケラトプスは体長9メートルの大型の角竜類です。名前は「3本の角をもつ顔」という意味で、その名の通り鼻の上に短い角を1本、目の上に長い角を2本もっています。後頭部には首を覆い隠すように、大きなえり飾りが広がっています。3本の角をもつ勇ましい外見から、昔からトリケラトプスはティラノサウルスの好敵手のようにみられてきました。昔の恐竜図鑑には必ずといっていいほど、ティラノサウルスに立ち向かうトリケラトプスという対決シーンが描かれていました。両社の対決は、さながら剣豪の決闘といった雰囲気で、恐竜好きの子どもたちの心を躍らせたものです。ですが、実際に両者はこのようなライバル関係にあったのでしょうか？　現在ではトリケラトプスやティラノサウルスについての研究が進み、さまざまなことがわかってきました。その情報を踏まえたうえで、両者の力関係を探ってみましょう。

まず、昔の恐竜図鑑によく掲載されていた挿絵のように、**トリケラトプスとティラノサウルスが直接戦うことはあったのでしょうか？　これについては、ほぼ確実にあったといえます。**

化石の発掘状況から、両者が生息していた時代と地域は同じということが判明しており、**トリケラトプスの化石には、ティラノサウルスの歯型らしき痕跡が残っているものも見つかっている**からです。ただし、挿絵のように大人のトリケラトプスとティラノサウルスが、1対1で向かい合って争ったケースは少ないと思われます。鋭い角をもつトリケラトプスを正面から狩ろうとするのは、ティラノサウルスにとって非常にリスクの高い行動です。もし、深い傷を負ってしまえば治癒するまで次の狩りができません。トリケラトプスを襲うなら、体や角が小さい若い個体か、老いて衰えた個体を狙う方が安全なのです。現代の強力な捕食者であるライオンやトラも、基本的には若く未熟な獲物を狙います。ティラノサウルスの狩りの方針も、同様だった可能性が高いでしょう。

仮に、ティラノサウルスが大人のトリケラトプスを襲うなら、待ち伏せをして狩りをしたかもしれません。トリケラトプスの通り道のそばに身を潜めて待ち、トリケラトプスの横から襲い掛かって腹や背中に噛みつくのです。ティラノサウルスは史上最強クラスのアゴの力をもつと計算されており、一撃で肋骨や背骨を粉砕して致命傷を与えることができたはずです。

ティラノサウルスは運動能力が低く、狩りをするのが下手なので、死体をあさって食べる「腐肉食者」であったという説があります。ですが、現代の自然界を見ると、ほかの動物の死体をまっさきに見つけてありついているのは、ハゲワシやコンドルなどの行動範囲が広く、小型の生物です。ティラノサウルスのような超大型動物が、死体漁り専門で生活していくのは、獲物の確保という観点からかなり難しいと考えられます。**狩りやすい個体を狙うにしろ、奇襲をかけるにしろ、ティラノサウルスが生きたトリケラトプスなどの植物食恐竜を襲っていたのは、ほぼ確実でしょう**。ただ、昔の復元画に描かれていたような、両者が激闘を展開することはほとんどなかった、と考えられるのです。

立派な角は成体の証明

大人のトリケラトプスの角は、ティラノサウルスを牽制して、正面から襲いかかることをためらわせるくらいの威嚇効果はあったかもしれません。ですが、ティラノサウルスの獲物リストから逃れられるほど、強力な武器でもなかったと考えられます。

それでは、あの立派な角はなんのために発達したものなのでしょうか？

この謎を解く手がかりになりそうなのが、トリケラトプスの角の成長に関するデータです。幼体から成体まで、さまざまな成長段階のトリケラトプスの頭骨を調査した研究結果によると、幼いうちは目の上の角が上向きにカーブしているのに対して、成長すると前向きにカーブするようになっていくのです（160ページ下部のイラスト参照）。

こうした角の変化は、その個体の成熟度合いを示す目安になった可能性があります。角が上を向いている個体はまだ子ども扱いで、角が前を向くようになると繁殖のライバル、もしくはパートナーとして認識されるようになったのかもしれません。このように**成長にともなって変化していく特徴はシカの角も同様であり、主として同種内での性的なアピールに使われていたことを示しています**。

また、現代でもシカやウシの仲間などの角をもつ動物は、群れの中での序列の決定や異性へのアピールのために、角を突き合わせて争うことがあります。大人のトリケラトプスが前向きの角で打ち合いをした場合、角の先端はちょうど頭の後ろのえり飾りに届きます。複数の化石を調査した結果、トリケラトプスのえり飾りには、たくさんの傷がついている場合が多いことが判明しています。トリケラトプスが群れを作っていたのかについては不明ですが、**繁殖期にメスにアピールするために、オス同士が角でつつきあって力くらべをした可能性も十分にあり得る**ことでしょう。

トリケラトプスの成長による変化

トリケラトプス

３本の角でティラノサウルスと戦う想像図がよく描かれたが、本来の角の用途は異なっていた可能性もある。

成体の頭骨

角の向きが前向きになり、頭の後ろのえり飾りが大きくなる。

幼体の頭骨

角は上を向いてカーブしており、頭の後ろのえり飾りは小さい。

パキケファロサウルスの実態

石頭の使い道

「周飾頭類」というグループに属する恐竜は、頭に独特の飾りがあるのが特徴です。周飾頭類はさらに「角竜類」と「堅頭竜類」という2グループに分けることができます。

堅頭竜類という名前は、このグループの恐竜たちがとても頑丈そうな頭骨をもっていたことに由来しており、パキケファロサウルス類、あるいは俗っぽく「石頭恐竜」とよばれることもあります。代表的な堅頭竜類には、パキケファロサウルスがいます。パキケファロサウルスは白亜紀後期に生息していた、体長4〜5メートルほどの恐竜です。ほかの恐竜たちにくらべるとそれほど大きくありませんが、堅頭竜類では最大です。

パキケファロサウルスの特徴は、ドーム状に盛り上がった頭の骨です。頭頂部の骨の厚みは20センチ以上もありました。このような頭の形状から、パキケファロサウルスは敵や仲間どうしの争いで、激しく頭をぶつけあっていたと考えられていました。昔の恐竜図鑑に掲載されていた、仲間と頭突き合戦をするパキケファロサウルスの想像図が記憶に残っている人も多いでしょう。しかし、パキケファロサウルスに関する研究が進むにつれて、頭突きが得意だったという認識は否定されつつあります。その理由は、おもに2つあります。

1つは、**パキケファロサウルスの首の骨が、激しい頭突きの衝撃に耐えられる構造になっていない**、ということです。互いに頭頂部をぶつけあうとしたら、頭、首、背骨が一直線になる姿勢をとる必要があります。そうなると、頭突きの衝撃はそのまま首の骨に伝わります。ですが、パキケファロサウルスの首の骨は、ほかの恐竜たちにくらべて特別に太く頑丈なつくりではありません。また、重い頭を前向きにしっかり固定したり、衝突の衝撃を吸収するための構造もありません。まともに頭突きをすれば、首を脱臼するか、骨折してしまう可能性が高いことがわかったのです。頭を支える筋肉が強ければ、この骨格でも頭突きの衝撃に耐えることができますが、そうした筋肉が付着していたと思われる部分も見当たらないのです。

2つめは、一見、頑丈に見える頭の骨が、じつはそれほど衝撃に強くない可能性がある、ということです。パキケファロサウルスの頭は若いうちは平らで、多数の血管が通ったスポンジのような骨の組織があります。成長とともにこの部分が膨らんで骨のドームを形成するのですが、その過程でスポンジ状の組織は失われてしまい、ドームの外側の層は密度の濃い骨の組織になっていきます。こうした構造の骨は、強い衝撃を与えると割れやすいのです。

また、成体の頭部を詳しく調査すると、頭頂部から化石化されたコラーゲンが発見されました。これは、頭頂部の外側に、「ケラチン（爪や毛などを作るタンパク質の一種）」の層があったことを示しています。つまり、生体の頭頂部にはケラチンで作られたトサカや角などの飾りがあった可能性があるのです。こうした飾りがあった場合、頭突きをしたらせっかくの飾りが壊れてしまいます。このような理由から、**現在ではパキケファロサウルスの個性的な頭部は、同種の仲間や異性に「見せつける」ことでアピールするために発達したもの**、という説も唱えられています。ただ、パキケファロサウルスは頭骨以外の発見例が少ないので、得られる情報はまだ限られています。

雑食の可能性を示す新発見

２０１８年にアメリカで開かれた学会では、パキケファロサウルスに関する興味深い新情報が報告され、研究者たちを驚かせました。

この情報は、状態のよいパキケファロサウルスの幼体の化石が見つかったことによって、もたらされました。この幼体のアゴの前の方には、先がとがった刃物のような三角形の歯が並んでいたのです。これは、肉食恐竜がもつ、肉を切りく用途に適した歯にそっくりでした。

このような形の歯は、これまでに見つかっていたパキケファロサウルスの化石では確認されていませんでした。従来の化石では、パキケファロサウルスは口先に先がとがった細い歯をもち、口の奥には木の葉のような形をした幅の広い歯をたくさんもっていました。この奥歯は植物の茎葉や果実などを細かく刻むのに適しているので、パキケファロサウルスは植物食であるというのが定説でした。しかし、肉食恐竜のような歯をもっていたとなると、その食性は変わってきます。２０１９年にカナダで撮影された映像には、これまで植物食だと思われていたノウサギの仲間が、ほかの動物の死骸も食べるシーンが記録されており、研究者に衝撃を与えました。植物食恐竜だと思われていたパキケファロサウルスも、**もしかしたら植物のほかに小型の哺乳類や爬虫類なども食べる、雑食性の恐竜だったのかもしれません。**

すでに述べた通り、パキケファロサウルスに肉食恐竜のような歯が確認できたのは初めてのケースで、これが幼体の一時期にだけあるものなのか、生涯にわたってあるものなのかはまだわかっていません。状態のよい化石がさらに見つかることによって、この謎の多い恐竜の食生活が明らかにされていくでしょう。成長段階によって食性が変わることは、カメなどでも見られることなので、恐竜にあったとしても不思議ではないことのように思います。

パキケファロサウルスの実情

パキケファロサウルス

幼体の頭骨にはドーム状に盛り上がった部分がない。これは成長とともに頭部のドームも発達していったことを示している。

幼体の頭骨

石頭の使い道

かつては頭突きをして敵を撃退したり仲間どうしで力くらべをしていたといわれていたが、頭部や首の構造を分析した結果、そうした説は否定されつつある。現代では仲間や異性へのアピールに使われた装飾品という説が有力。

じつは肉食だった？

2018年の発表で、獣脚類のような歯をもっていて肉も食べていた可能性が指摘された。より詳細な研究が待たれる。

ハドロサウルス類の頭飾りはなんのため？

鳥盤類のなかで最も反映した鳥脚類

「鳥盤類」には、骨の板やスパイクで武装した「剣竜類」や、鋭い角とえり飾りをもつ「角竜類」など、個性的な姿をした恐竜たちが数多くいます。その一方で、同じ鳥盤類でも「鳥脚類」の恐竜たちは、あまり飾り気のない地味な姿をしています。しかしながら、鳥盤類のなかで最も繁栄したグループは、この鳥脚類だったのです。鳥脚類はジュラ紀前期に登場した植物食恐竜たちのグループです。このグループには、体長1～2メートルほどのヒプシロフォドン類やヘテロドントサウルス類から、体長10メートルを超えるハドロサウルス類まで、さまざまな大きさの恐竜たちが属しています。鳥脚類は多彩な環境に適応したグループで、ヨーロッパや南北アメリカ、アフリカ、オーストラリア、はては南極まで、世界中のあらゆる場所に進出し、恐竜が絶滅した白亜紀末まで繁栄を続けていました。その種類は、鳥盤類全体の約40パーセントにも達しています。

鳥脚類は、外見上あまり目立った特徴がありません。ほとんどは後ろ足で二足歩行をしますが、大型種は体重を支えるため、二足歩行と四足歩行を使い分けていたことが、足跡の化石から判明しています。**鳥脚類の多くに、角や骨板、棘など目立った装飾が発達しなかったのは、彼らの生存戦略と関係していると思われます**。

白亜紀になるまで、鳥脚類は小型から中型の恐竜でした。「獣脚類」などの捕食者に襲われた場合、素早く走って逃げるのが唯一の防衛手段だったと思われます。**小さな体で速く走る動物にとって、余計な装飾を身にまとうことはマイナス**になってしまいます。したがって鳥脚類の多くが、似通った「無駄」のない体型をしているのは当然だったともいえるのです。

もちろんなんらかの手段で同種内での性的アピールをしていたと思われますが、それは体色や鳴き声など、化石からはなかなか知り得ない手段に頼っていたのではないでしょうか？

没個性の中の個性派集団

鳥脚類のなかでも、白亜紀後期にひときわ繁栄したのが、ハドロサウルス類です。

ハドロサウルス類は別名「カモノハシ恐竜」ともよばれ、その名の通り口先がカモのクチバシのように長く平たい形になっているのが大きな特徴です。ハドロサウルス類には、口の後半に「デンタル・バッテリー」と呼ばれる小さな歯の集合体があり、上下が噛み合わさって裁断機のような働きをしていました。

また、下アゴには、アゴを動かす筋肉が付着する大きな突起が発達しており、強い力で噛むことができる仕組みになっていました。ハドロサウルス類は、この力強い歯とアゴで、口の前にあるクチバシで摘み取った大量の植物を効果的に食べることができたと考えられます。**ハドロサウルス類が、鳥脚類のなかでもとりわけ大型化したのは、この巧みな摂食装置のおかげだったようです**。

ハドロサウルス類の多くは、頭骨の一部が変形して、トサカのような器官を形成しています。装飾の形は種によってさまざまです。たとえば、ランベオサウルスは頭頂部に薄く丸い板状のトサカと後方にのびる突起をもち、オロロティタンは後頭部に手斧の刃のような形をしたトサカをもちます。また、パラサウロロフスは後頭部から後方に長くのびる棒状のトサカをもっています。それほど変わった外見上の特徴をもたない種が多い鳥脚類のなかで、ハドロサウルス類だけは例外的な個性派といえます。

ハドロサウルス類は、なんのために変わった形の装飾をもっていたのでしょうか？

この問題については、化石が発見された当初からさまざまな説が唱えられてきました。

かつて唱えられた説のなかには、トサカの先端を水面から出してシュノーケルのように使ったり、トサカの内部に空気をためて水に潜るときの助けにしたといったものもありました。これは、トサカの内部に管状の空間があり、鼻の穴とつながっていたことから生まれた説です。ですが、どのハドロサウルス類のトサカの先端にも穴は開いていませんし、潜水用のエアタンクとして使うには容量が小さすぎるため、現在ではこの説は否定されています。

現在では、仲間や異性へのアピールのために頭部の装飾を発達させたという説が有力です。これはハドロサウルス類が大型化して捕食者に襲われるリスクが減ったことが大きかったように思われますが、「竜脚類」の性的アピールにも通じる繁殖戦略です。

2011年に発見されたエドモントサウルスの化石には、頭頂部に肉質のトサカの痕跡が確認されています。肉質の組織は化石に残ることがほとんどないため、これまでに発見されているハドロサウルス類も、生きていたときは頭部に肉質の飾りがあった可能性は十分にあります。**現代のニワトリやコンドルのように、ハドロサウルス類は肉質の派手なトサカを見せつけてアピールに励んでいたようです**。

興味深いことに、多種類のハドロサウルス類が同じ場所で同時期に見つかる場合は、頭部の装飾がより多彩になり、逆に白亜紀末のエドモントサウルスのように1種類しかいない場合は、頭部の装飾が目立たなくなるという傾向が認められます。これは頭部のトサカの違いによる性的アピールが、ハドロサウルス類が多様化している状況ほど効果的だったことを示しているようです。似たような状況は、さまざまな形状の角を発達させたウシ科の有蹄類が生息する、アフリカのサバンナで見ることができます。

共鳴装置として役立った可能性

ハドロサウルス類のトサカについては、ユニークな研究も行われています。この研究によると、**トサカの内部にある管状の空間には、鳴き声を共鳴させる音響効果があった**ということです。パラサウロロフスのトサカの模型を作って実際に空気を通す実験を行ったときには、管楽器のオーボエのような低い音が出たようです。より詳しい検証のため、パラサウロロフスの化石をCTにかけて内部構造をスキャンしてコンピュータ上に再現モデルを作り、これに空気を通すシミュレーションを行った際にも、同じ結果が出たといいます。

トサカの大きさが小さくなれば、そこから出る音は周波数が高くなり、高音を発するようになります。もし、パラサウロロフスがトサカで鳴き声を共鳴させていたのだとしたら、幼体と成体は声の高さの違いでコミュニケーションをとることができたでしょう。

また、トサカの形が違っていれば、発する音も変わってきます。**ハドロサウルス類はそれぞれの種類に固有のトサカで種ごとの鳴き声を共鳴させて、種を識別したり縄張りを宣言するといった行動をとっていた可能性も考えられます**。

なお、ハドロサウルス類以外の恐竜に関しては、このような音声に関する研究例は見当たりません。映画やテレビ番組に登場する恐竜たちは、さまざまな鳴き声をあげていますが、あれらはすべて制作者の想像によるものでなんら根拠がないのです。

現代のワニは口を閉じたまま唸り声を出しますし、一部の鳥類にも口を閉じて声を発生するものがいます。恐竜が大口を開けて威嚇の咆哮をするシーンが映画などで見られることもありますが、そもそも口を開けて声を出していたのかすら、はっきりしていないのです。

さまざまな形のトサカをもつハドロサウルス類

オロロティタン

ランベオサウルス

パラサウロロフス

トサカの役割についての考察の移り変わり

潜水用のシュノーケル説

トサカの内部にある管状の空間が鼻の穴とつながっていたことから、水中に潜った際に水面からトサカの先端を出してシュノーケルのように使ったという説が生まれた。現在は否定されている。

仲間や異性へのアピール

現在、主流となっている説。トサカの大きさや形、色などで仲間や異性へのアピールを行った。

鳴き声を増幅させる器官

トサカの内部に空気を通すと、共鳴して管楽器のような音が出ることが判明した。この音で仲間とコミュニケーションをとっていた可能性がある。

第三章　人気者たちの意外な姿

最大の翼竜は空を飛べたのだろうか？

中生代の空の覇者、翼竜

恐竜が地上で繁栄していた中生代の空に進出した最初の脊椎動物が翼竜でした。翼竜は恐竜と同じく、ラゴスクスかその近縁の爬虫類を祖先として共有しており、恐竜とは姉妹的な関係にあります。

翼竜は空を飛ぶために特殊化しており、どの種にも共通する特徴として、小さく軽い胴体と大きな翼、そして体の大きさに対してとても大きな頭部をもっています。尾の長さはさまざまで、原始的な種類では長く、より進化した種類では尾がなくなっています。

翼竜の翼は、長くのびた前足の指と胴体のあいだに薄い皮膜を広げる構造になっています。構造的にはコウモリの翼に似ていますが、コウモリが親指以外のすべての指で翼を形成しているのに対して、翼竜は外側の指1本だけで翼を形成しているという点が大きく異なります。

翼竜の飛行については、近年では、翼を動かす筋肉をある程度もっているので、**鳥類ほどではないにしろ羽ばたいて上昇したり、飛行姿勢を制御していた**と考えられています。

翼竜の大きさは、翼開長（翼を広げたときの長さ）が30センチ以下の小鳥サイズから、12メートルと推定される巨大なものまで、さまざまでした。最も巨大だったのは、白亜紀末の北アメリカに生息していたケツァルコアトルスで

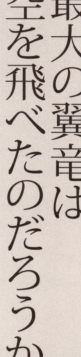

す。このケツァルコアトルスが、空を飛ぶことのできる史上最大の生物とされてきました。

大きく重すぎた巨大翼竜

しかし、この定説をひっくり返す研究結果が2009年に東京大学海洋研究所の研究グループから発表され、議論をよんでいます。この研究によると、**ケツァルコアトルスをはじめとする巨大翼竜たちは、じつは飛べなかった可能性がある**というのです。

研究では、空を飛ぶことができる鳥類として世界最大級のワタリアホウドリをはじめ、5種類の鳥類を対象として調査を行っています。研究グループはサンプルとなる鳥に計測装置をとりつけて、鳥が離陸してから着地するまでの羽ばたきの速度データを計測しました。そして得られたデータをもとに、自然の風の中で安全に飛び続けることができる限界の体重を計算しました。その結果、飛ぶことのできる限界重量は約10キロでした。これはワタリアホウドリの体重に近い数値です。

ケツァルコアトルスの体重は、軽く見積もっても75キロ、最大で250キロに達したと考えられています。限界重量にくらべると重すぎて、とても飛べそうにありません。

この説には反論もあります。巨大翼竜の骨は中身が空洞で骨を形成する組織も薄かったので、とても軽かったという説です。体重75キロなら飛ぶことが難しくても、もっと軽ければ飛べたかもしれない、というわけです。

しかし、いくら骨が薄いといっても、軽量化には限界があります。**ケツァルコアトルスは、地上にいるときの背の高さは5メートル程度あった**とされています。これは、現代の陸上動物で最も背が高いキリンとほぼ同じ高さです。これだけの巨体を支える骨にはかなりの強度が必要とされます。空を飛ぶなら、翼の骨にかかる負担はさらに増します。また、上昇気流に負けないように翼を固定したり、羽ばたいたりするためには、強い筋肉も必要でしょう。これらの条件を満たすには、75キロという体重はいくらなんでも軽すぎます。250キロあったとしても、骨格の強度や筋肉の量は不足している可能性が高いでしょう。

謎だらけのケツァルコアトルス

私がケツァルコアトルスに強い関心をもったのは、2018年に米国ニューメキシコ州で開催された国際学会（古脊椎動物学会：略称SVP）がきっかけでした。この学会の年会は、脊椎動物化石に関するプレゼンが800件以上も披露されるという壮大なイベントです。プレゼンの半分近くが恐竜に関するものですから驚いてしまいます。私もなるべく参加して、研究成果を発表したり、海外の研究者と交流したりするのを楽しみにしています。

学会では、プレゼン以外にもいろいろなイベントが用意されているのですが、特に興味深いのがオークションです。事前に参加者がいろいろなもの、たとえば本などの出版物、恐竜グッズ、それに化石のレプリカなどを寄付登録します。学会の規定により実物化石が出品されることはないようです。大会の主催者は、出品物をオークションにかけて次第に値段を釣り上げていきます。競り落とした人が支払うお金は学会の収益になるという仕組みです。私は、これまでにも手頃な値段の恐竜の頭骨などを競り落として大学での授業などで活用しています。岩手県久慈市から見つかったティラノサウルス類の記者発表では、ティラノサウルス科のゴルゴサウルスの頭骨レプリカを使いましたが、これは2017年の学会オークションで入手したものだったのです。

2018年のオークションでは、なんとケツァルコアトルスの腕の骨（左上腕骨）の精巧なレプリカが出品されました。この化石はケツァルコアトルスの模式標本とされており、ケツァルコアトルスが初めて報告されたときに基準となった、最も重要な資料なのです。この標本をオークション会場で見てその大きさにまず驚きました。そしてどうしても日本に持ち帰りたいと思ったのです。幸いにも予想外に安い値段で落札することができました。

これまでケツァルコアトルスの組立骨格のレプリカを博物館で見ることは何度もありましたが、上腕骨がこれほど大きい（長さ54センチ）とは思いませんでした。しかも太くて哺乳類のサイと大して変わらない大きさです。**これを体重100キロ前後の生物にするのはまったく不可能です**。もしこの大きさの骨の内部が空洞だとしたら筋肉もわずかになってしまい、翼として意味がなくなってしまいます。筋肉をつけると片腕だけでも100キロほどの重量になると思われます。

文献を調べたところ、ケツァルコアトルスの巨大な骨はこの上腕骨ひとつしか発見されていないことに気づきました。ケツァルコアトルスの全身骨格の復元は、同じ米国テキサス州の白亜紀末の地層から見つかった、翼開長3メートルほどの翼竜の化石に基づいているのです。ところが、驚くべきことにこの小さな翼竜がケツァルコアトルスと同種であるという根拠はなにも示されていなかったのです。つまり、**ケツァルコアトルスの翼開長12メートルという数値も小さな翼竜に基づいた「推定」にすぎず、実際の化石によるものではなかった**のです。

空を飛ばない翼竜の生活スタイルを考える

ケツァルコアトルスの体重が重すぎて飛ぶことができなかったことはたしかなように私には思えます。だとしたら、なぜそこまで巨大化してしまったのでしょうか？

ケツァルコアトルスは「大きくなりすぎて飛ぶことができなくなった」のではなく、**「飛ぶ必要がなくなったから大きくなった」可能性が高い**のです。現在の鳥類を見ても、ダチョウやヒクイドリ、エミューなど飛び抜けて大きく重いのはいずれも空を飛ばない種類です。

ただし、翼竜の体の構造を考えると、空を飛ばない巨大翼竜が地上を走り回る姿は想像しづらいものがあります。翼竜では後ろ足が前足より華奢にできており、地上を高速で移動するのは無理だったでしょう。

翼竜の多くは海や湖、河川のそばで生活し、水面すれすれに飛んでクチバシを水中に差し込んで魚類などを捕らえていたと推測されています。ケツァルコアトルスが生息していた地域は水深の浅い湖だったので、水辺を歩きながら、あるいはペンギンのように泳ぎながら魚などを捕食していたのかもしれません。

ケツァルコアトルスの実態はまだ不確かなことばかりですが、**飛ぶ能力を失い、巨大化した最後の翼竜であった**ことはたしかなように思われます。

ケツァルコアトルスのほかにも同じぐらい大きいとされる翼竜には、タイタノプテリクスやオルニトカイルスなどがありますが、いずれも頭骨や首の一部のみが知られているだけで、翼もふくめた全体像はまったく不明です。

全身骨格が知られている最大の翼竜は現在でもプテラノドン（翼開長7メートル、体重20キロと推定）であり、これが実際に空を飛ぶことのできた最大の動物といえるかと思います。

ケツァルコアトルス

ケツァルコアトルスの秘密

ケツァルコアトルスは空を飛べなかった可能性が高い。その代わり、ペンギンのように泳いで魚を捕食していたのかも？

第三章 人気者たちの意外な姿

中生代の海の爬虫類

海で栄えた爬虫類

三畳紀の終わりに地上に進出を始めてから、恐竜たちの生活基盤はずっと地上にありました。**水辺で生活をする恐竜はいても、ウミガメのように完全に海中を生活基盤としていた恐竜は今のところ見つかっていません**。

中生代の海に栄えていたのは、魚竜、首長竜、モササウルス類といった爬虫類たちでした。26ページで述べましたが、魚竜や首長竜、モササウルス類は恐竜に似た部分があるものの、まったく別の道すじをたどって進化していった動物たちです。彼らはどんな動物たちだったのか、解説していきましょう。

イルカにそっくりな魚類

中生代の海で栄えた爬虫類たちのうち、最初に海に進出したのは魚竜でした。魚竜はイルカのような体形で、ヒレ状になった四肢と大きな尾びれをもち、全身を使って自由自在に泳いでいた爬虫類です。魚竜が現れたのは三畳紀の初期で、恐竜が現れるより少し前の時代だったといわれています。祖先は陸上で生活する爬虫類だったと考えられていますが、どの時点で魚竜に分岐したのかはわかっていません。

魚竜はジュラ紀に大繁栄しましたが、恐竜が絶滅するより前の時代である約９０００万年前にはその姿を消しています。絶滅の原因ははっ

きりしていませんが、首長竜やモササウルス類との生存競争に敗れたのかもしれません。

２０１８年、以前に見つかっていた魚竜の化石を調査することによって判明した研究結果が発表され、新しい魚竜の姿が明らかにされています。サンプルとなった化石はドイツで見つかったもので、皮膚の痕跡までしっかり残った大変状態のいいものでした。

研究チームは、エックス線分析装置を使って化石を調査して、色素を含むメラニン細胞の痕跡を発見しました。このデータを分析することにより、**魚竜の体色は背中側が暗い色で、腹側は背中より明るい色だったことが判明**しました。おもに光がよくあたる部分が暗い色に、日陰になる部分が明るい色になる配色パターンは「カウンターシェーディング」とよばれており、周囲の景色に溶け込んで見つかりにくくなる効果があります。**現代のイルカやサメ、ウミガメなどさまざまな動物にも、同様の配色パターンが確認できます**。

また、この調査によって、魚竜の皮膚の下には脂肪の層があったことも判明しました。皮下脂肪をもっていたということは、**魚竜は一定の体温の維持ができた可能性が高い**ことを示しています。別の研究では、魚竜の体温は35度ほどあったといわれています。

このように、魚竜は姿がイルカに似ているだけでなく、体の機能もよく似た動物でした。イルカのように冷たい水の中でも敏捷に動きまわって獲物を狩ることができる、活発なハンターだったのでしょう。

2 グループいた首長竜

首長竜は三畳紀後期から見られるようになった爬虫類です。三畳紀中期に生息していたノトサウルスという海棲爬虫類が、首長竜の祖先といわれています。

首長竜という名前から、首の長い生物を連想してしまいますが、じつは首長竜には首が短いグループも存在します。プリオサウルス類とよばれるこのグループは頭部が大きく、ワニのように長いアゴと細長い胴体、ヒレ状の四肢をもっていました。泳ぐときにはおもに前足で水をかき、後足は獲物を捕らえる瞬間に急加速するために使用したと考えられています。**プリオサウルス類は体長10メートル以上になり、生息地域では捕食者の頂点の地位にいた**強力な生物でした。ですが、環境の変化にはついていけなかったらしく、魚竜と同じく白亜紀後期には姿を消しています。

もう一方の首が長いグループは、プレシオサウルス類とよばれています。このグループで最も首が長いエラスモサウルスは、体長の半分以上が首の長さで占められていて、長いものでは8メートルにも達しました。映画『のび太の恐竜』に登場したフタバスズキリュウも、このグループに含まれています。プレシオサウルス類はプリオサウルス類と同じくヒレ状の四肢をもち、オールのように動かして泳ぎながら魚類や爬虫類などを食べていたと考えられています。

プリオサウルス類と異なり、**プレシオサウルス類は白亜紀の終わりまで生き延び、恐竜と時期を同じくして絶滅**しています。

海の覇者海モササウルス類

モササウルス類は白亜紀後期に現れた新しい爬虫類のグループで、モササウルス類という呼び方も一般的です。オオトカゲやワニのように細長い体と大きく開く巨大なアゴをもち、四肢はヒレ状になっています。魚類や他の海棲爬虫類、翼竜など口に入るものならなんでも獲物にする獰猛な捕食者で、**衰退したプリオサウルス類に代わって生態系の頂点に立ち、白亜紀の終わりに絶滅するまで繁栄**を続けました。

以前は泳ぐ速度が遅いと考えられてきましたが、2008年に発見された化石を分析した結果、サメに似た長い尾びれをもっていたことが判明し、従来の推測よりはるかに速く泳ぐことができた可能性を指摘されています。また、これにともなって想像図の変化も進んでいます。

恐竜に匹敵した巨大ワニ

三畳紀の陸の帝王

中生代は「恐竜時代」とよばれるくらい、恐竜が栄えた時代でした。ですが、その時代において最強の生物が恐竜だったとは限りません。恐竜以外にも、大型の獣脚類に匹敵する捕食者がいたのです。

恐竜のライバルになりえた生物とはワニ類です。ワニの仲間は三畳紀後期、恐竜が現れるより少し早く誕生しています。初期のワニ類は四肢が長く恐竜のように直立していて、活発に地上を歩き回る捕食者でした。シュードヘスペロスクスやシロスクスという種は特に後足が長く、二足歩行していた可能性も考えられます。

こうした三畳紀に生息した原始的なワニ類のなかでも、特に強力な存在だったのがサウロスクスです。名前は「トカゲワニ」という意味で、**オオトカゲとワニを合成したような姿**をしていました。体長は6〜9メートルと推測されており、当時最大級の肉食動物でした。サウロスクスの四肢も胴体の下に向かってのびており、活発に歩いていたと推測されています。

サウロスクスが生息していたころ、恐竜はまだ新しい種として誕生したばかりで、体の大きなものはほとんどいませんでした。恐竜たちはこの恐ろしいハンターの目から隠れるように、息をひそめて生活していたのです。

しかし、運命は恐竜に味方しました。三畳紀

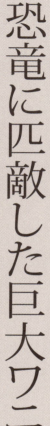

の終わりに、火山活動が原因とみられる大規模な環境の変化が発生して、大型の両生類や爬虫類らの数が大きく減少する絶滅期が訪れたのです。サウロスクスも環境変化に適応できなかったようで、この時期に姿を消しています。

史上最大級の巨大ワニ

サウロスクスをはじめ、何種類かのワニ類は三畳紀の終わりに姿を消しましたが、ワニ類そのものが絶滅したわけではありません。

生き残ったワニ類は水中生活に適応していき、半水生の生物へと進化していきます。ジュラ紀後半には、魚類のようなヒレ状の四肢や尻尾などの水中生活に適応した体をもつ海生ワニ類とよばれるグループも誕生して、生息域は淡水だけでなく海まで広がっていました。

また、恐竜たちがそうであったようにワニ類も大型化が進みました。そうした巨大ワニの代表格が、白亜紀後期の北アメリカに生息していたデイノスクスです。

デイノスクスは現代のアリゲーターに近縁のワニ類で、発見された頭骨の化石は長さが1.8メートルもありました。そこから推測される体長は、約15メートルにもなります。これは、史上最大級の肉食恐竜であったティラノサウルスに匹敵する体格です。

ティラノサウルスの咬合力（噛む力）は恐竜のなかでも最強といわれていますが、デイノスクスも同等の咬合力をもっていたと推測されています。アリゲーターと同じように水中に身を潜めて水辺に獲物が近づくのを待ち、一瞬で襲いかかって強力なアゴで仕留めていたのでしょう。そうした獲物のなかには、水を飲みにきた肉食恐竜もいたはずです。デイノスクスはティラノサウルスが登場する時代の1000万年ほど前に生息していたので、両者が自然界で激突することはありませんでした。もし、彼らが戦うことになったら、どうなっていたのか？　もしかすると捕食者の頂点の座は、ワニ類のものだったかもしれません。

第四章

恐竜研究の歴史

第四章 恐竜研究の歴史

恐竜研究が始まるまで

恐竜の骨は巨人の骨だった!

恐竜や古代生物の研究はどうやって始まっていったのでしょうか。まず、もともと生物の化石は地元の人たちのあいだではよく知られた存在だったことが多いようです。しかし人間や自然は神様によって作られたという考えが根強く、恐竜の化石が発掘されても、「巨人の骨」などと考える傾向が17~18世紀頃までありました。

1677年にオックスフォード大学の博物館館長だったプロットは、恐竜の骨の一部を図示しており、これが文書による恐竜に関する確実な最初の報告だといわれています。しかし彼は、これをローマ帝国の時代に持ち込まれた、ゾウの骨だと解釈しています。また、聖書の影響力が強い時代でもあるので、化石をノアの大洪水で死んだ人間や動物の骨だと考える人たちもいました。それは学者たちも例外ではなく、初めて「のちに恐竜とされるもの」に学名をつけたバックランド(184ページ)も、地質学の研究で明らかになっていく事実と聖書に書かれた内容を整合させることに努力したひとりです。

発見、提唱、進化論で怒涛の発展へ

18世紀末~19世紀初頭、フランスの比較解剖学者キュヴィエが脊椎動物の骨や歯の一部からでも動物の種類を特定できること、歯や骨が化石として保存されることを科学的に立証しまし

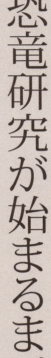

恐竜研究史（17～19世紀前半）

西暦	出来事
1677年	ロバート・プロット、ジュラ紀の恐竜のものと思われる骨を図示
1799年	ジョルジュ・キュヴィエ、『骨化石の研究』出版(185ページ)
1811年	メアリー・アニング、最初の魚竜「イクチオサウルス」を発見(185ページ)
1824年	世界で最初の恐竜「メガロサウルス」が命名される(185ページ)
1825年	第2の恐竜「イグアノドン」が命名される(186ページ)
1842年	リチャード・オーウェン、「恐竜」の呼称を提唱(188ページ)

た。キュヴィエは、生物は神の意思による天変地異などで絶滅し、その後に新しい生物が創造されたと考えており、生物の進化は認めない立場でした。しかし、彼の研究成果は恐竜などの化石の科学的解釈に大きく貢献することになります。

そして19世紀に入ると、メガロサウルスやイグアノドンなどが英国から報告されるようになります。そこでオーウェン（188ページ）はこれらを「恐竜」というグループにまとめることを提唱します。これが恐竜研究の第一歩となりました。恐竜ではないものの、メアリー・アニングが魚竜や首長竜などジュラ紀の海生爬虫類の化石を発見したのもこの頃です。当時はチャールズ・ダーウィンが進化論を発表して激しい論争になっており、オーウェンは進化論に反対の立場をとっていました。しかし爬虫類から鳥類が進化した事実を具体的に示す始祖鳥の化石が発見されたことで進化論が広く受け入れられ、恐竜の科学的研究も活発になったのです。

有名な恐竜研究者1

ウィリアム・バックランド

プロフィール
生没 1784年3月12日〜1856年8月24日
出身 イギリス

恐竜に初めて名前をつけた学者

まだ恐竜という言葉すらなかった時代に発見され、のちに最初の肉食恐竜とされることになった化石が「メガロサウルス」です。これを発表したのはオックスフォード大学教授のウィリアム・バックランドで、恐竜に初めて学名をつけたことで知られています。

バックランドは地質学一般に情熱を注いだ学者で、英国国教会から世界初の地質学講座の教授に任命され、ロンドン地質学協会の会長になるなど要職を占めた人物です。彼は強い好奇心に根ざした奇行でも有名だったようで、研究室にハイエナやジャッカルを放し飼いにしたり、ワニやハリネズミの肉料理を晩餐会の招待客にふるまったりしたことが記録に残っています。

メガロサウルスの化石は、1700年代の終わりに英国オックスフォードシャー州にあるストーンズフィールド粘板岩（ジュラ紀中期）の採石場の地下にある坑道内から発見されたもので、オックスフォード大学の付属施設であるアシュモレアン博物館に送られました。これを当時の館長だったバックランドとフランスのキュヴィエが1818年に共同で調査して、「巨大なトカゲに似た爬虫類で、全長12メートルほどだった」と結論づけています。バックランド本人は化石の公表をためらっていました。というのも彼は教会から任命された聖職者でもあり、旧約聖書に書かれた内容と地質学の発展によって明らかになっていく事実が矛盾するのを恐れていたの

そのほかの研究者（18～19世紀）

氏名	生没年	解説
ジョルジュ・キュヴィエ	1769～1832	フランス人、解剖学者。ナポレオンの時代を代表する科学者。比較解剖学を確立し、古生物学を創始。メガロサウルスの化石の公表に協力し、イグアノドンの化石を鑑定したことでも知られています。
メアリー・アニング	1799～1847	イギリス人、古生物学者。女性。12歳のときにイクチオサウルスの全身化石を発見し、後年にもプレシオサウルスやディモルフォドンなどの化石を発見。
ヘルマン・フォン・マイヤー	1801～1869	ドイツ人、古生物学者。1861年にアーケオプテリクス（始祖鳥）の全身骨格を報告したことで知られています。ほかにも原竜脚類プラテオサウルスの研究・命名もしました。
トーマス・ヘンリー・ハクスリー	1825～1895	イギリス人、生物学者。1870年ヒプシロフォドンを記載し、鳥類と恐竜は近縁だと最初に主張したことで有名。進化論の熱烈な支持者であり、「ダーウィンの番犬」という渾名（あだな）がついていたほどです。

です。しかしバックランドは、キュビエからの要請もあって1824年に、歯の生えた下アゴや背骨の一部などの化石を公表し、現生種には匹敵するものが見当たらない巨大な肉食動物であると報告しました。そして、同じ英国の博物学者であったジェームス・パーキンソンが彼の著書で用いた「メガロサウルス」（巨大なトカゲ、という意味）という名前を学名として採用しました。これがのちに恐竜として分類される生物の先駆けになったのです。

最初期ゆえの「なんでも箱」

メガロサウルスは最初に報告された「獣脚類」の肉食恐竜ですが、じつは現在も詳しい実態がわかっていません。というのも、恐竜研究の草創期であった19世紀から20世紀初めにかけて、ヨーロッパ各地で見つかった獣脚類の断片的な化石が、とりあえずメガロサウルス属として分類されてしまい、いわば分類学上の「なんでも箱」状態になっていたことが原因といわれています。同じことは、リチャード・オーウェン（188ページ）が報告した、「竜脚類」ケティオサウルスにもいえましたが、近年の研究で徐々にこの混乱は解消されつつあります。

ギデオン・マンテル

プロフィール
生没 1790年2月3日～1852年10月10日
出身 イギリス

情熱と執念の研究者

メガロサウルスに次いで「恐竜の化石」とされたのがイグアノドンです。この化石を報告したのは英国の開業医だったギデオン・マンテルで、本業の傍ら夫人とともに化石を収集し、本にまとめるなど精力的に活動した在野の古生物学者でした。

1821年、彼はサセックス州のティルゲート砂礫層（現在はウィールデン層と呼ばれている白亜紀前期の地層）から見つかった奇妙な歯の化石を入手します（夫人が、夫の診察中にあたりを散歩していて見つけた、という逸話があるのですが、本当かどうかは不明）。彼は専門家に鑑定を依頼しますが、満足する答えを得られません。キュヴィエにも鑑定を依頼しますが、絶滅したサイの歯だと判断されてしまいます。

納得のいかないマンテルはさらに調べていくうち、1824年、これがトカゲのイグアナの歯に非常によく似ていることに気づき、巨大なイグアナのような植物食爬虫類のものだと確信します。そして彼はこの生物をイグアノドン（イグアナの歯）と命名して、1825年にロンドンの地質学会で発表したのです。

初期イグアノドンのイメージ

当初はマンテルも、イグアノドンがどのような姿だったのかは想像できていませんでしたが、1834年にイギリスのケント州メイドストーンでイグアノドンの部分的な骨格がまとまって発見され、マンテルはこの標本を入手します。そして全長30メートル以上で、現生のトカゲよりもはるかに大きく、体型も異

マンテルの研究史

西暦	関わった生物ほか	生物概要	解説
1825年	イグアノドン	鳥盤類、鳥脚類、イグアノドン類	英国サセックス州のウィールデン層（白亜紀前期）から発見された歯の化石に命名。この歯は高さ3～4センチもあって、マンテルは巨大な爬虫類のものだと主張しました。
1833年	ヒラエオサウルス	鳥盤類、曲竜類、ノドサウルス科	イースト・サセックス州から発見された化石に命名。装甲をまとった曲竜類の仲間で、頸や肩の上に大きな円錐状のトゲがありました。
1849年	ヒプシロフォドン	鳥盤類、鳥脚類、ヒプシロフォドン科	マンテルとオーウェンによってイグアノドンの子供と記載。しかしその後、新たな化石が発見され、新たな恐竜として記載されました。
1850年	ペロロサウルス	竜盤類、竜脚類、ブラキオサウルス科	マンテルによって陸生の恐竜と同定。一時期、英国の白亜紀から見つかる竜脚類の化石はすべてペロロサウルスにされる状態でした。

なっていたと考えました。

また、マンテルはイグアノドンのスケッチ（発表を意識したものではない）を残していますが、そのなかに、１８２７年に発見したスパイクのような骨を、鼻先に角のように描いたものがあります。これが当時の研究者たちのあいだで広まってしまい、鼻に角がある四足歩行のトカゲのようなイグアノドンのイメージができてしまいます。のちにオーウェンが監督したイグアノドンの復元模型も、この姿でした。

しかし後年、ベルギー人古生物学者ルイ・ドロー（１８５７～１９３１）の研究によって、イグアノドンが二足歩行だったこと、スパイクのような骨は、角ではなく第一指の指先だったことが判明し、訂正されたのです。

有名な恐竜研究者3

リチャード・オーウェン

プロフィール
生没 1804年7月20日〜1892年12月18日
出身 イギリス

「恐竜」を作った人

メガロサウルス、イグアノドンに続き、1832年にはマンテルがヒラエオサウルスを発表しました。次々と見つかる巨大な爬虫類の化石に対し、新しい分類群を提唱したのが、リチャード・オーウェンです。オーウェンは800以上の論文や著書を発表した19世紀を代表する古生物学者で、現生・化石問わず、脊椎動物から無脊椎動物までと守備範囲が非常に広い人物です。古生物の研究にも意欲的で、実際には師弟関係ではなかったものの、イギリスのキュヴィエと呼ばれるほどの第一人者でした。たとえばニュージーランドにいた絶滅鳥モアに関する研究は、今でも常に引用される重要な論文です。さらに自然史関連の博物館を作るという計画を強烈に推し進めた人物でもあり、それが現在のロンドン自然史博物館です。オーウェンはこの博物館の初代館長を勤めています。

オーウェンはイギリス各所で発見された化石を再検証し、現生爬虫類とは異なる特徴を有していることから独自の動物群とみなすべきだと考えます。そして1842年に中生代の大型陸生爬虫類の総称を「ディノサウリア」(恐ろしいトカゲ)、すなわち「恐竜」とすることを発表したのです。

恐竜の名付け親のしくじり

ただオーウェンは、恐竜がゾウやサイのような陸生の動物で、がっしりとした四肢を持っていたと主張しました。これは偶然これまで見つかった3種が、哺

オーウェンの研究史

西暦	関わった生物ほか	生物概要	解説
1841年	ケティオサウルス	竜盤類、竜脚類、ケティオサウルス科	オックスフォード州などから見つかった化石に命名。「クジラトカゲ」という意味があります。オーウェンは、見つかった化石がクジラ並みの大きさなのでで、クジラのような水中で暮らす巨大爬虫類だと考えたのです。
1842年	恐竜	——	世界で初めて「恐竜」という新しい分類群を提唱。恐竜研究が時代のトレンドとなる契機になりました。
1853年	イグアノドン	鳥盤類、鳥脚類、イグアノドン科	ロンドンで開催された万博で披露する実物大模型の製作を指示。当時の限られた知識ではありますが、恐竜の復元模型の第一号でした。
1859年	テコドントサウルス	竜盤類、竜脚形類、テコドントサウルス科	イギリスで４番目に学名がつけられた恐竜。槽歯類というグループに含めるべきだと提案しました。
1859年	スケリドサウルス	鳥盤類、装盾類、スケリドサウルス科	チャーマウスで発見された化石に命名。全身骨格が関節した状態で発見された最初の恐竜です。
1862年	アーケオプテリクス	竜盤類、獣脚類コエルロサウルス類	大英博物館に売却された化石を鑑定。進化論をめぐって論争中だったこともあって、現生鳥類と結論づけてしまいます。

乳類に似た頑丈な骨盤を共有していたことが大きな理由でした。１８５４年、ロンドンのクリスタル・パレス内で絶滅動物の特別展で開催され、そこにはオーウェン監修のもと製作されたイグアノドンの実物大模型が展示されました。それは、鼻先に角がある四足歩行の巨大トカゲのような姿でした。もちろん今日からすればこの姿は不正確なのですが、それでも当時の一般人にはインパクトがあって、恐竜のイメージが身近なものになっていきました。

オーウェンは恐竜という名前のネーミングや実物大の模型制作などを見てもわかるように、当時の一般大衆に与えるインパクトを計算できる学者だったのです。

またオーウェンは１８４１年、オックスフォーシャー州で見つかった恐竜の化石にケティオサウルス（クジラのようなトカゲ）と命名していますが、彼は当初、この骨を恐竜とは認識しておらず、ワニ類に分類していました。しかし後年、ほかの科学者たちの恐竜類だという主張を受け、彼もこれに同意します。こうした失敗エピソードが多かったのも、恐竜研究の黎明期ならではといえるでしょう。

有名な恐竜研究者4

エドワード・コープ

プロフィール
生没　1840年7月28日～1897年4月12日
出身　アメリカ

恐竜が続々と発見された仁義なき戦い

ヨーロッパで産声をあげた恐竜研究の歴史は、19世紀末の北米で新たな恐竜化石が数多く発掘されたことで黄金時代を迎えます。その中心人物は、エドワード・コープとオスニエル・マーシュという2人の古生物学者です。

コープとマーシュはもともと友人同士でしたが、賄賂を使って化石を略奪したり、コープが復元したエラスモサウルスの組立骨格の誤り（頭骨を尾の先につけていた）を指摘したりして、関係が悪化します。そして「骨戦争」と呼ばれる、熾烈な化石発掘競争を展開。ふたりは、コロラド州のモリソンからワイオミング州のコモ断崖、モンタナ州のジョーディス川層、カナダのアルバータ州と、発掘場所を次々と移しては火花を散らしていきます。

この発掘競争によって、北米では142種もの新種の恐竜が発見されました。相手よりも少しでも多く新種の恐竜を発表するため、二人とも自分たちの報告書を載せるための科学雑誌をそれぞれ別々に創刊しています。そして、当時発明されたばかりの電報を使って発掘現場から新種記載の原稿を出版社に送ったのです。

急ぎすぎて多くの報告に不備があったため、現在でも有効な学名は32種といわれていますが、それでもトリケラトプスやステゴサウルス、アロサウルス、モノクロニウス、カマラサウルスなど、現在でも有名な恐竜の多くが発見されたことは、大きな功績です。

コープの研究史

西暦	関わった生物ほか	生物概要	解説
1868年	ハドロサウルス	鳥盤類、鳥脚類、ハドロサウルス属	ハドロサウルス属は1858年、ジョセフ・リーディが記載・命名。1868年にコープも報告している。
1869年	エラスモサウルス	水生爬虫類、首長竜目、エラスモサウルス科	1867年に発見された化石に関する論文を1968年に発表し、エラスモサウルス科を設立。
1877年	カマラサウルス	竜盤類、竜脚類、カマラサウルス科	実費で購入した断片的な化石を記載。これによりコープは竜脚類の骨格の特徴をほぼ述べることができました。
1877年	アンフィコエリアス	竜盤類、竜脚類	自身で発見した部分的な脊椎骨の化石をもとに命名・記載。その大きさは150センチもあったとされていますが、標本は行方不明になり、正確な大きさはよくわかっていません。
1877年	モノクロニウス	鳥盤類、角竜類、ケラトプス科	モンタナ州で発見された化石を記載。現在では別の角竜であるケントロサウルスと同じ属、もしくは資料が不完全であるため有効な学名ではないとされています。
1892年	マノスポンディルス	竜盤類、獣脚類、ティラノサウルス科	巨大な脊椎骨に命名。しかし後年の研究では、ティラノサウルスの椎骨と考えられています。論文で発表された順番ではティラノサウルスより優先権がありますが、長らく文献で使われたことがない学名であったため、特例として有名なティラノサウルスの名前が有効とされています。

膨大な数の新種を発見

コープは、生涯に１３９５編もの論文や著作を残したという天才的な学者で、論文に添える図も自ら制作していました。恐竜に関しては、カマラサウルスやモノクロニウス、コエロフィシスなど56種もの新種を発表。これは数的にはマーシュに劣りますが、恐竜以外にもディプロカウルス（両生類）、ディメトロドン、エラスモサウルス（爬虫類）、ディアトリマ（鳥類）、フェナコドゥス（哺乳類）など、化石のみならず現生脊椎動物の新種を怒涛の勢いで発表。コープが新種として発表した脊椎動物の新種は合計１２８２種もあり、マーシュが命名した５３６種をはるかに上回っています。古生物の研究はコープの守備範囲の一部にすぎず、魚類から哺乳類まであらゆる現生脊椎動物の研究でも有名です。

またコープは理論の構築にも熱心で、生物が進化するに従って巨大化する傾向があるという「定向進化の法則」や、すべての生物の体は互いに対応する部分からなるという「相同の法則」などを提唱。北米における進化生物学の創始者のひとりと見なされています。

有名な恐竜研究者5

オスニエル・マーシュ

プロフィール
生没　1831年10月29日～1899年3月18日
出身　アメリカ

最も多くの恐竜種を発表

コープと熾烈な「骨戦争」を繰り広げたオスニエル・マーシュは、29歳でイェール大学を卒業し、34歳で地質学教授になったという遅咲きの学者です。しかし彼は財産家だった叔父から絶大なる資金援助を受け、大勢の発掘人夫を雇って膨大な量の化石を収集していきます。

幅広く研究していたコープに対して、マーシュは化石爬虫類と哺乳類の研究に集中。恐竜に関しては骨戦争を通じて80種もの恐竜を報告しています。そのなかにはアロサウルス、アパトサウルス、ステゴサウルス、トリケラトプス、カンプトサウルスなど有名な恐竜も多く、史上最も多くの恐竜の新種を発表した人物です。

そしてこれらの化石は完全なものが多く、恐竜の多様性の解明に大きく貢献しました。さらに恐竜の研究を通して、マーシュは「獣脚類」や「竜脚類」、「剣竜類」、「鳥脚類」といったグループ名を提唱しました。また彼は、恐竜以外にもプテラノドン（翼竜）やイクチオルニス（歯を持った鳥類）なども報告しています。

時代に消えた幻の恐竜名たち

コープとマーシュの骨戦争は熾烈なもので、2人は相手に先んじて化石を見つけ、新種として発表しようとしていました。このため同じ種類の恐竜であっても、別々に新種として命名することも珍しくありませんでした。

マーシュの研究史

西暦	関わった生物ほか	生物概要	解説
1876年	プテラノドン	翼竜、翼指竜亜目、プテラノドン科	カンザス州西部で発見された化石に命名。名前は、「翼があり歯がないもの」という意味。
1877年	ステゴサウルス	鳥盤類、装盾類、剣竜類	コロラド州モリソンで発見された化石に命名。1891年には最初の完全な復元骨格が製作されました。
1877年	アロサウルス	竜盤類、獣脚類、アロサウルス科	モリソン層から発見された化石に命名。彼が1879年に入手した完全な骨格は、彼の死後に公開されました。
1878年	ディプロドクス	竜盤類、竜脚類、ディプロドクス科	1877年にカニョンシティで発見された化石。翌年マーシュが記載、命名しました。
1888年	トリケラトプス	鳥盤類、剣竜類、ケラトプス科	当初は角の一部だけ見つかったため巨大なバイソンの一種と考えたが、剣竜類の存在を知ってケラトプス科を創設。89年にトリケラトプスと命名。
1896年	オルニトミムス	竜盤類、獣脚類、オルニトミムス科	ワイオミング州で見つかった化石に命名。この標本はティラノサウルス類の化石である可能性がありますが、確定的ではありません。

たとえばマーシュは１８７７年にステゴサウルスを報告しますが、１８７８年にコープも同様の化石をヒプシロフスと命名。後年、これはステゴサウルスと同じ属とわかりますが、コープは死ぬまでヒプシロフスという属名を使い続けています。

また、コープが１８９２年にマノスポンディルス・ギガス、マーシュが１８９６年にオルニトミムス・グランディスと命名した断片的な骨がありますが、いずれも後に発見されるティラノサウルスの骨格の一部だと考えられています。

また、こんな話もあります。マーシュは、１８７９年にブロントサウルスと命名したのですが、のちの研究でこの竜脚類はマーシュ自身が１８７７年に報告したアパトサウルスの若い個体だとわかり、同じ属に分類されました。

しかし、１８７７年の論文の知名度が低かったため、ブロントサウルスの名称がジュニアシノニム（複数の学名がある場合、公表が遅かったほうの学名）だと認知されるまで長い年月がかかりました。

バーナム・ブラウン

プロフィール
生没　1873年2月12日～1963年2月5日
出身　アメリカ

20世紀に登場した恐竜界の王様

化石戦争を経た北米は恐竜発見の中心地となりますが、20世紀早々、ある有名な恐竜が発見され大きなトピックとなりました。ティラノサウルス・レックス（暴君トカゲの王）です。

この恐竜の化石はそれまでにも断片的に発見されていましたが、1900年、1902年にバーナム・ブラウンがモンタナ州で発見した化石は、アメリカ自然史博物館のヘンリー・オズボーンによって全長12メートルの巨大な肉食恐竜と推定され、記載されました。

オズボーンはこの恐竜を「大型肉食恐竜の極み」と表現し、当時のニューヨーク・タイムズでもこの大発見は大々的に報じられたことで、ティラノサウルスは一躍、恐竜界のスターとなります。そして今もその地位は揺るがず、最新の研究が発表されるたびに大きな注目を浴びています。まさに恐竜界の王様、といえるでしょう。

驚異の化石ハンター

ブラウンは、ティラノサウルスを生涯で3体も発見したという20世紀で最も有名な化石ハンターの1人です。彼が化石発掘に興味を持ったのは16歳、家族でカンザス・モンタナ間の往復旅行をし、西部の地域を4ヶ月にも渡って旅したときです。そして大学一年のときにはネブラスカ州やサウス・ダコタ州に化石採集旅行に出かけ、翌年夏にもワイオミング州で発掘作業を行いました。このときすでにブラウ

ブラウンの研究史

西暦	関わった生物ほか	生物概要	解説
1902年	ティラノサウルス	竜盤類、獣脚類、ティラノサウルス科	1900年と1902年にモンタナ州で発見。1908年に発見された標本は現在もニューヨークのアメリカ自然史博物館に展示されています。
1908年	アンキロサウルス	鳥盤類、装盾類、曲竜類	モンタナ州で発見された化石を記載。当初は剣竜類をみなされていましたが、後年曲竜類の仲間に変更。
1910年	レプトケラトプス	鳥盤類、角竜類、レプトケラトプス科	レッド・ディア川流域で発見（報告は4年後）。名前はツノのある痩せた顔という意味です。
1913年	ヒパクロサウルス	鳥盤類、鳥脚類、ハドロサウルス科	1910年にレッド・ディア川流域で発見され、1913年に記載。そのあとすぐ頭部が発見され報告されました。
1914年	コリトサウルス	鳥盤類、鳥脚類、ハドロサウルス科	レッド・ディア川のスティーヴヴィル近郊で発見。手と尾の一部が欠けた以外ほぼ完全な状態でした。
1915年	プロサウロロフス	鳥盤類、鳥脚類、ハドロサウルス科	1915年にレッド・ディア川流域で発見。過去に自身で発見したサウロロフス属と比較し、翌年に新属として記載。

ンは、トリケラトプスの頭骨を発見し、化石ハンターとしての才能を開花させています。

そして彼は大学卒業後にアメリカ自然史博物館の職員となると、発掘隊に参加。モンタナ州ではティラノサウルスやアンキロサウルスなどを発見しました。そして10年ほど経ってから、恐竜化石が眠る重要な地域、カナダのレッド・ディア川流域の発掘に乗り出します。ここでは6年間かけて発掘を行い、レプトケラトプス、コリトサウルス、パロサウロロフスなど、白亜紀の貴重な化石を数多く発見しました。

ブラウンの勤務当初、博物館に恐竜化石は一体もなかったそうですが、彼の超人的な働きによって化石は充実。世界に誇るコレクションになっていきました。博物館館長のオズボーンは、「ブラウンは実に驚異的な収集家だ。きっと化石の匂いがわかるのだろう」「彼の勘が外れたことは一度もない」などと評しています。

有名な恐竜研究者7

ジョン・オストロム

プロフィール
生没 1928年2月18日~2005年7月16日
出身 アメリカ

恐竜のイメージを覆す大発見

20世紀初頭、恐竜発見の黄金期が終わると、恐竜への科学的関心は急速に衰えて休眠期のような時代に入ります。しかし1960年代になると、数々の発見によって新たな科学的研究がなされるようになります。この劇的な変化は「恐竜ルネッサンス」と呼ばれています。

最も重要な発見をし、恐竜ルネッサンスの扉を開いた人物はジョン・オストロムでしょう。1964年、彼とその同僚はモンタナ州のクローバリー層で新たな「獣脚類」を発見し、1969年にデイノニクスと命名しました。この恐竜は、第二趾に鎌のような大きな爪があり、恐竜にしては大きな脳をもっていました。また集団で発見されることが多く、デイノニクスに襲われたと推測された植物食恐竜の化石も発掘されます。

オストロムはこのような発見から、デイノニクスは足が速く、獲物を素早く捕らえる、俊敏で活動的な動物だったと推論。さらに活発な動きをするには、現生の爬虫類とくらべて著しく代謝が高いとし、恐竜が恒温動物だったとする「恐竜温血説」を唱えました。それまで恐竜といえば「冷血動物で、愚鈍でトカゲのような生き物」というイメージでしたが、オストロムの学説は、それを大きく覆す画期的なものだったのです。

恐竜研究の大改革時代へ

またオストロムは最古の「鳥類」、アーケオプテ

そのほかの研究者（19〜20世紀）

氏名	生没年	解説
チャールズ・H・スタンバーグ	1850 〜 1943	アメリカ人、化石採集家。ブラウンと競うようにしてレッド・ディア川流域で発掘。ゴルゴサウルス、スティラコサウルス、コリトサウルスなどを発見。
エルンスト・シュトローマー	1870 〜 1952	ドイツ人、古生物学者。1911年、エジプト大西部砂漠エル・バハリヤから白亜紀後期の恐竜、スピノサウルスやカルカロドントサウルスなどを発見しました。
フリードリヒ・フォン・ヒューネ	1875 〜 1969	ドイツ人、古生物学者。ヨーロッパ、南アメリカ、アジアなどの恐竜の論文を多数発表。1837年に発見されたプラテオサウルスを調査し論文を発表。
ロイ・チャップマン・アンドリュース	1884 〜 1960	アメリカ人、動物学者。1920年代に行われたモンゴルの恐竜発掘に関わります。ヴェロキラトプトル、プシッタコサウルス、プロトケラトプス、さらに恐竜の卵と巣を発見。

リクス（始祖鳥）についても検証し直し、小型の獣脚類とアーケオプテリクスに多くの共通点があるとして、鳥類はデイノニクスのような獣脚類から進化したと論じ、１８６０年代にトーマス・ハクスリーが最初に主張した「鳥類の恐竜起源説」を復活させました。

こうしたオストロムの主張には、彼の弟子だったロバート・バッカーも賛同。バッカーは停滞していた恐竜研究を改革していくと明言し、「恐竜ルネッサンス」を宣言します。そして、恐竜は進化の行き止まりではなく、鳥類として生き残った成功物語のひとつだと述べました。

さらに恐竜は「哺乳類」の祖先に対して優位であったとか、それまで水陸両生だと見されていた「竜脚類」は完全な陸生動物だった、などと主張していきます。バッカーのこうした主張は大きな関心が寄せられて大論争となり、『ナショナル・グラフィック』誌でも記事を掲載。結果、恐竜ルネッサンスは広く一般大衆にも浸透していくことになります。

近年の恐竜研究者たち

グローバルな新発見で研究も活発に

　オストロム、バッカーによる「恐竜ルネッサンス」以降、恐竜に関する研究は多種多様化していきます。新しい種の発見だけでなく、古い種に関する新たな報告や再検証なども次々に報告され、議論されては話題となりました。たとえば、１９７０年代ではホーナーによって子育てする恐竜・マイアサウラの卵や巣、幼体が発見され、恐竜の成長についても解明されてきています。また、これまで恐竜研究の中心といえば、ヨーロッパや北アメリカでしたが、中国、モンゴルや南アメリカ、アフリカなど新たな地域での化石発掘も活発になり、その地域独特の新種の恐竜が発見されるようになります。なかでも１９９０年代にいわゆる羽毛恐竜（シノサウロプテリクスやコウディプテリクスなど）が発見され、「獣脚類」には羽毛があったことを初めて証明したことは大きなトピックです。

　恐竜研究がグローバルになったことで、著名な研究者も世界各国で増え、もちろん日本でも恐竜化石の発見が増えるにつれ、研究も活発になっています。そして21世紀になると、ＣＴスキャンやデジタルモニタリングといった新たな手法や技術が、恐竜研究に活用されるようになります。そして恐竜の噛む力や頭部の姿勢、顎の可動性なども生体力学的に分析。より詳しい研究と新たな発見がなされ、新たな学説も飛び交うようになっています。

そのほかの研究者（20世紀）

氏名	生年	解説
ジャック・ホーナー	（1946年〜）	アメリカ人、古生物学者。1978年、モンタナ州でマイアサウラの卵と巣を発見し、恐竜が子育てをしたという明確な証拠を示した。1987年には新たな角竜類、アケロサウルスを報告。映画『ジュラシック・パーク』シリーズのテクニカルアドバイザーとしても有名。
ジェームズ・カークランド	（1954年〜）	アメリカ人、古生物学者。北アメリカの鎧竜類の記載、白亜紀の恐竜たちの生物地理学の解釈などを発表。1991年、後肢に大型で鎌状の爪を有するユタラプトルを報告・記載。1996年、白亜紀中期の北アメリカの恐竜、ズニケラトプスを発表。
ポール・セレノ	（1957年〜）	アメリカ人、古生物学者。モンゴル、アフリカ、南アメリカなど、様々な大陸で新種の恐竜を続々と発見。1993年、アルゼンチンで発見された原始的な恐竜のひとつ、エオラプトルを報告。アフリカでは、サルコスクスの完全に近い標本やニジェールサウルスなどを発見。
ロドルフォ・コリア	（1959年〜）	アルゼンチン人、古生物学者。ホセ・ボナパルテやレオナルド・サルガドらとともに南アメリカを代表する恐竜の専門家。1993年、巨大な竜脚類、アルゼンチノサウルスを報告。1995年、南アメリカ最大の獣脚類、ギガノトサウルスを発表。
徐星（シュウ・シン）	（1969年〜）	中国人、古生物学者。中国の白亜紀前期の羽毛恐竜などに関する研究を多数発表。羽毛恐竜から鳥類の進化を明らかにするなど古生物学に大きく貢献。2004年、毛皮のある小型ティラノサウルス類、ディロングを記載。2007年、ギガントラプトルを報告。

日本の恐竜発見事情

1970年代以降、恐竜化石が続々！

日本で最初に恐竜が発見されたのは、戦前の1934年。当時日本領だった樺太でニッポノサウルスが発見され、旧北海道帝国大学の長尾巧教授によって記載されました。その後日本で恐竜化石はなかなか発見されなかったのですが、1979年に竜脚類の上腕骨の一部（和名・モシ竜）が発見されると、徐々に恐竜化石の報告が増え始めていきます。とくに中部地方の手取層群は、1982年に女子高生が採集した化石が大型肉食恐竜の歯だと判明したのを契機に、一気に調査と発掘が加速します。とくに福井県勝山市での組織的な発掘は現在も続いており、これまでにフクイラプトル、フクイサウルス、フクイティタン、コシサウルス、フクイベナートルなど5種類の恐竜が報告されています。日本全国で30箇所以上もの恐竜産地が知られるようになり、恐竜の研究も盛んになり、正式な学名はなくとも、その化石には「○○竜」のような和名がつけられたりするなど、一般の人たちにも親しまれるようになっています。最近話題になっている、北海道むかわ町で発見された「むかわ竜」もそんな化石のひとつです。この恐竜は推定全長8メートルと大きく、全身の保存状態もよく、全身の8割を超える骨の化石が発見されています。日本最大級の全身骨格だけに大きな注目を集めており、今年4月にはほぼ完全な全身復元骨格も完成しています。

日本の恐竜発見史

西暦	出来事
1934年	旧日本領南樺太で、ニッポノサウルスの骨格が発見される
1968年	福島県いわき市大久川でフタバサウルス（和名・フタバスズキリュウ、首長竜）の化石が発見される
1978年	岩手県岩泉町茂師で日本国内初の恐竜化石（和名・モシ竜）が発見される
1979年	熊本県上益群御船町で肉食恐竜の歯（和名・ミフネリュウ）が発見される
1982年	石川県白峰村（当時）で肉食恐竜の歯が発見される
1988年	福井県勝山市北谷町でフクイラプトルの化石が発見される
1989年	福井県勝山市北谷町でフクイサウルスの化石が発見される
1995年	富山県大山町（当時）でトヤマサウリプスの足跡の化石が発見される
1998年	石川県白山市でアルバロフォサウルスの化石が発見される
2003年	北海道むかわ町でハドロサウルス科恐竜（和名・むかわ竜）の化石が発見される
2006年	兵庫県丹波市でタンバティタニス（和名・丹波竜）の化石が発見される
2007年（～2011年）	兵庫県丹波市でニッポノウーリサスの卵の化石が発見される
2007年	福井県勝山市でフクイティタンの化石が発見される
2008年	福井県勝山市でコシサウルスの化石が発見される

日本のおもな恐竜化石発掘地図

久慈市
コエルロサウルス類、
ティタノサウルス形類など
勝山市
フクイラプトル、フクイサウルス、
フクイティタン、コシサウルス、
フクイベナートルなど
富山市
イグアノドン類、獣脚類、
鎧竜類、獣脚類、
竜脚類、鳥脚類
岩泉町
モシリュウ（竜脚類）
広野町
フタバサウルス（首長竜）、
ヒロノリュウ（ハドロサウルス類）
など
いわき市大久町
ヒサノハマリュウ（竜脚類）、
オオヒサリュウ（鳥脚類）など
神流町
スピノサウルス類、
サンチュウリュウ（オルニトミムス類）、
ティタノサウルス形類など
白川村
竜脚類
大野市
ティラノサウルス類、
カルノサウルス類、
イグアノドン類、鳥脚類
白山市
アルバロフォサウルス、カガリュウ（獣脚類）、
シマリュウ（イグアノドン類）
オオアラシリュウ（竜脚類）など
鳥羽市
トバリュウ（ティタノサウルス類）

サハリン(旧樺太)
ニッポノサウルス
留萌郡小平町
ハドロサウルス科
夕張市
ノドサウルス類
むかわ町
むかわ竜（ハドロサウルス類）
福井市
獣脚類、
竜脚類、
鳥脚類
丹波市
タンバティタニス、
ティラノサウルス類、
テリジノサウルス類など
宮若市
ワキノサトウリュウ
（獣脚類）
北九州市
ネオケラトプス類、
獣脚類、竜脚類
長崎市
ティラノサウルス類、
ハドロサウルス類、
鎧竜など
御所浦町
カルノサウルス類、
イグアノドン類、
獣脚類、
鳥脚類など
洲本市
ハドロサウルス類
御船町
テリジノサウルス類、
ミフネリュウ（獣脚類）、
カルカロドントサウルス類など
篠山市
トロオドン類、
ネオケラトプス類

謝辞

本書を執筆するに際して多くの方々にお世話になった。私が２０１２年より集中調査を実施している岩手県久慈市の白亜紀久慈層群での発掘では、特に滝沢利夫氏（久慈琥珀博物館）、佐々木和久氏（久慈市役所）や山口喜博博士（帝京平成大学）に大変お世話になった。また吉田将崇氏や伊藤愛氏ら早稲田大学や千葉大学、日本大学、東北大学、東京大学、北海道大学、東京学芸大学、愛媛大学、熊本大学などから参加した大学院生、学部生の方々に協力していただいた。恐竜化石に関しては、特に真鍋真博士（国立科学博物館）、對比地孝亘博士（国立科学博物館）、小林快次博士（北海道大学）、三枝春生博士（兵庫県立人と自然の博物館）、池上直樹博士（御船町恐竜博物館）、黒須球子氏（中国地質大学）、林昭次博士（岡山理科大学）、藤原慎一博士（名古屋大学）、D. J. Varricchio博士（Montana State University）、渡部真人博士（早稲田大学）、および東洋一博士ら（福井県恐竜博物館のスタッフにご助言をいただいた。恐竜以外の脊椎動物や植物化石については、高桑祐司博士（群馬県立自然史博物館）、宮田真也博士（早稲田大学）、松本涼子博士（神奈川県立生命の星・地球博物館）、楠橋直博士（愛媛大学）、佐藤たまき博士（東京学芸大学）、加藤太一氏（茨城県自然博物館）、高橋正道博士（新潟大学）、ルグラン・ジュリアン博士（中央大学）にご教示をいただいた。比較標本の調査にあたっては、E.S. Gaffney博士（American Museum of Natural History）やI.G. Danilov博士（Zoological Institute of the Russian Academy of Sciences）に特に便宜を図っていただいた。久慈層群の地質学的情報については安藤寿男博士（茨城大学）、堤之恭博士（国立科学博物館）、鵜野光博士（早稲田大学）、ならびに三塚俊輔氏（日本工営株式会社）に特にお世話になった。株式会社ライブの竹之内大輔氏、山﨑香弥氏、松本英明氏、佐泥佐斯乃氏、株式会社カンゼンの皆様には本書の出版にあたり大変お世話になった。以上の方々と研究機関に厚く御礼申し上げる次第である。

平山 廉

参考文献

第1章

Benton, M. J. 2014. Vertebrate Palaeontology. 480 pp. Wiley-Blackwell

Sato, T., Konishi, T., Hirayama, R. and Caldwell, M. 2012. A review of the Cretaceous marine reptiles from Japan. Cretaceous Research 37: 319-340.

第2章

Chatterjee, S. 1915. The Rise of Birds: 225 Million Years of Evolution.370 pp. Johns Hopkins Univ. Pr.

平山廉, 2008. 巨大恐竜竜脚類の古生態を類推する. 化石研究会会誌 41: 13-19頁.

第3章

平山廉・小林快次・薗田哲平・佐々木和久, 2010. 岩手県久慈市の上部白亜系久慈層群玉川層より発見された陸生脊椎動物群（予報）. 化石研究会会誌42: 74-82.

松本涼子・平山廉・武川愛・吉田将崇・三塚俊輔・滝沢利夫・堤之恭, 2015. 岩手県久慈市の久慈層群玉川層から産出したコリストデラ類. 日本古生物学会２０１５年年会, 講演予稿集, 42頁.

Hirayama, R. 2017. Fossil vertebrate assemblages from the Late Cretaceous Tamagawa Formation of Kuji City, Iwate Prefecture, eastern Japan. Proceedings and Field guidebook for the 5th International Symposium of International Geoscience Programme IGCP Project 608, p. 77-78.

ルグランジュリアン・西田治文・平山廉, 2019. 上部白亜系久慈層群玉川層大沢田川産地（岩手県）のパリノフロラからみた古植生と古環境. 化石研究会会誌51: 59-67.

宮田真也・平山廉・中島保寿・前川優・大倉正敏・佐々木猛智, 2019. 岩手県久慈市の上部白亜系久慈層群玉川層よ

り産出した板鰓類化石群の予察的検討．化石研究会会誌51: 68-75．
Zanno, L.E., Tucker, R.T., Canoville, A., Avrahami, H.M., Gates, T.A., and Makovicky, P.J. 2019. Diminutive fleet-footed Nesbitt, S. J., Denton Jr., R. K., Loewen. M. A., Brusatte, S. L., Smith, N. D., Turner, A. H., Kirkland. J. I., McDonald, A. T., and Wolfe, A. T., 2019. A mid-Cretaceous tyrannosauroid and the origin of North American end-Cretaceous dinosaur assemblages. Nature Ecology & Evolution. 3.
Wang, M., O' Conner, J., Xu, X. and Zhou, Z. 2019. A new Jurassic scansoriopterygid and the loss of membranous wings in theropod dinosaurs. Nature 569: 256-259.
Gallina, P. A., Apesteguía, S., Canale, J. I., and A. Haluza, 2019. A new long-spined dinosaur from Patagonia sheds light on sauropod defense system. Scientific Reports.
Hayashi, S., Carpenter, K., Watabe, M., and McWhinney. L., 2012. Ontogenetic histology of Stegosaurus plates and spikes. Palaeontology 55: 145-161.

第４章

平山廉, 2002. 図解雑学　恐竜の謎．ナツメ社，222頁．

著者
平山 廉（ひらやま・れん）

1956年11月3日生まれ。東京都出身。日本の古生物学者であり早稲田大学国際学術院教授、理学博士。専門は化石爬虫類で、カメ類の系統進化や機能形態学、古生物地理学をメインに活動している。日本における恐竜研究でも知られ、講演や発掘調査など全国で幅広く活動している。主な著書は『最新恐竜学』（平凡社）、『カメのきた道』（日本放送出版協会）、『誰かに話したくなる恐竜の話』（宝島社）など。

STAFF
カバーイラスト …… 小田 隆
本文イラスト …… 蟹めんま、福岡昭二、DEKO
デザイン・図版 …… 寒水久美子
企画・編集 …… 株式会社ライブ（竹之内大輔、山﨑香弥）
構成・執筆協力 …… 松本英明、佐泥佐斯乃
DTPオペレーション …… 株式会社ライブ

新説 恐竜学

発行日　2019年7月8日　初版

著者　平山 廉
発行人　坪井 義哉
発行所　株式会社カンゼン
〒101-0021
東京都千代田区外神田2-7-1 開花ビル
TEL 03(5295)7723
FAX 03(5295)7725
http://www.kanzen.jp/
郵便振替　00150-7-130339
印刷・製本　株式会社シナノ

ISBN 978-4-86255-510-6
定価はカバーに表示してあります。

本書に関するご意見、ご感想に関しましては、**kanso@kanzen.jp**までEメールにてお寄せください。
お待ちしております。